DOGEXPERIENCE

Ulv Philipper

DOG EXPERIENCE

Der Schlüssel zum perfekten Team

MURMANN

Für Maren

INHALTSVERZEICHNIS

ASTRAL … ODER WIE ALLES BEGANN

Es gibt Ereignisse in unserem Leben, die im Bruchteil einer Sekunde alles, an das wir kurz zuvor noch fest geglaubt haben, mit der zerstörerischen Gewalt eines Tsunamis überrollen und uns mit dem Scherbenhaufen einstiger Überzeugungen entwurzelt und hilflos zurücklassen.

Alles, was du auf den folgenden Seiten lesen wirst, hat seinen Ursprung in einer für mich lebensverändernden Erfahrung.

Und obwohl es mir schwerfällt, das Erlebte niederzuschreiben, bin ich überzeugt, dass es notwendig ist, um den Hintergrund meiner Gedanken besser nachvollziehen zu können.

Der Tag, von dem ich berichten möchte, fing natürlich, wie sollte es auch anders sein, völlig harmlos an. Nichts wies im Geringsten darauf hin, wie dramatisch er enden sollte. Inspiriert von dem spätsommerlichen Wetter, brachen meine Frau, unser English Setter Astral und ich zu einem Ausflug zum nahe gelegenen Möhnestausee auf.

Astral war mein Vorzeigehund.

Ein English Setter wie aus dem Bilderbuch. »Dual Purpose«, wie sein stolzer Züchter bei jeder möglichen Gelegenheit betonte. Das bedeutet, sowohl Optik als auch jagdliche Leistungsfähigkeit bildeten wie Yin und Yang ein harmonisches Gesamtes. Astral sah umwerfend aus, und das wusste er auch. Er liebte es, am Ufer des Sees herumzutollen und die Möwen zu verscheuchen. Meine Frau und ich genossen es, ihm zuzuschauen. Ein paar Minuten den Alltag vergessen.

Der krönende Abschluss dieser Auszeit sollte die Überquerung der Staumauer sein.

Schon seit meiner Kindheit übte dieses Bauwerk eine gewisse Faszination auf mich aus. Auf der einen Seite der angestaute, fast greifbar nahe See und auf der anderen Seite die schwindelerregende Tiefe des Überlaufbereiches am Unterlauf der Möhne. Vielleicht ist es das Gegensätzliche, wie bei Olymp und Hades, das die Anziehungskraft dieser monumentalen Architektur ausmacht. Auf das Studium einer Gedenktafel konzentriert, hatte ich Astral nur einen Augenblick aus den Augen verloren. Ich wähnte ihn nur einige Schritte hinter uns.

Plötzlich aber huschte ein Schatten seitlich an mir vorbei, der sich mit hoher Geschwindigkeit auf die Mauer der Überlaufseite zubewegte.

Nach dem ersten Erkennen, dass es sich bei diesem Schatten um Astral handelte, nahm ich das nun Folgende nur noch in Zeitlupe wahr. Ich war wie gelähmt, vollkommen unfähig, einzugreifen. Alles ging so schnell. Das hört sich widersprüchlich an, aber jeder, der schon einmal Vergleichbares erlebt hat, weiß, wovon ich spreche.

Ich konnte nur ohnmächtig mitansehen, wie Astral mit einem enormen Sprung das steinerne Hindernis fast mühelos überwand.

Nie wieder in meinem Leben werde ich diesen Gesichtsausdruck vergessen, bevor er in die Tiefe stürzte. Allein der Gedanke an das Entsetzen in seinem Blick, als ihm bewusst geworden war, dass hinter dem Wall aus Steinen keine weite Wiese, sondern der Abgrund auf ihn wartete, löst bei mir noch

Jahrzehnte nach dieser Tragödie die Empfindung absoluten Kontrollverlustes aus.
Obwohl uns nur wenige Meter voneinander trennten, war er für mich in diesem Moment unerreichbar.

Dann war er verschwunden. Totenstille.

Auch wenn sich unzählige Personen auf der Talsperre befanden, habe ich selbst niemanden mehr wahrgenommen. Ich rannte zu der Stelle der Brüstung, an der ich Astral das letzte Mal gesehen hatte, und versuchte, über die Mauer zu schauen. Dabei musste ich mich auf die Zehenspitzen stellen, um überhaupt das weit unter mir liegende Ufer erkennen zu können.

Fieberhaft suchte ich mit meinem Blick nach seinem leblosen Körper.

Denn beim Anblick der Tiefe war mir sofort klar, dass diesen Sturz niemand hätte überleben können. Ich kann es nur schwer mit Worten beschreiben, aber in diesem Moment wollte ich ihn finden und mit nach Hause nehmen. Mit der traurigen Gewissheit, ihn für immer verloren zu haben, lief ich zum Ende der Sperrmauer, um von dort bergab an das dicht bewachsene Ufer weit unten zu gelangen. Die Vegetation versperrte jede Sicht. Egal, in welche Richtung ich schaute, Astral blieb verschwunden.

Auch wenn es vollkommen irrational war, einen kurzen Augenblick lang hatte ich gehofft, er hätte den Fall schadlos überstanden, liefe am Ufer lang und jagte fröhlich, wie noch vor wenigen Stunden, den Möwen nach. Ein vollkommen abwegiger Gedanke, aber so typisch für uns Menschen.

Wir besitzen die Fähigkeit zur Hoffnung, die es uns immer wieder ermöglicht, an das Unmögliche zu glauben.

Doch die Realität riss mich gnadenlos aus dieser Illusion, als ich seinen regungslosen und vollkommen verdrehten Körper durch eine Lücke im Buschwerk entdecken konnte. Die letzten Schritte zu ihm waren die schwierigsten. Und wieder versuchte mir mein Gehirn, Hoffnung vorzugaukeln.
Glaubte ich, ein vorsichtiges Schwanzwedeln gesehen zu haben?

Als ich Astral erreicht hatte, hob er seinen Kopf und versuchte sich aufzurichten, was seine zertrümmerten Vorderläufe jedoch nicht zuließen.

Ich kniete mich neben ihn, und er legte seinen Kopf auf meinen Oberschenkel.

Er schaute mir in die Augen, und sein Blick drückte seine Freude über mein Eintreffen aus. Als ob wir uns vor einer Ewigkeit verloren hätten. Er entspannte sich. Es schien, als wollte er mir signalisieren, dass er noch einen Moment ausruhen wollte, um dann mit mir nach Hause zu gehen.

Der Vorhang schließt sich. Ende erster Akt.

ASTRAL … ZWEITER AKT

Der Vorhang öffnet sich. Ein Telefon klingelt. Ich kann mir bis heute nicht erklären, wie es überhaupt möglich sein konnte, aber allen physikalischen und biologischen Gesetzmäßigkeiten zum Trotz hatte Astral sich entschieden, sein Leben nicht unter diesen Umständen aufzugeben.

Er hatte gekämpft und überlebt.

Ich möchte euch die einzelnen Details seiner zum Teil turbulenten Genesung ersparen. Allein diese böte Material für ein eigenes Buch. Nach vier Wochen Aufenthalt in der Klinik einer tiermedizinischen Hochschule kam endlich der erlösende Anruf, dass wir ihn nach Hause holen konnten. Genauer gesagt hatte Astral beschlossen, dass der Zeitpunkt zur Heimreise gekommen sei und sein Anliegen mit einem Hungerstreik in der Klinik durchgesetzt.

Während wir uns in den Wochen seines Krankenhausaufenthaltes alle möglichen Gedanken gemacht hatten, wie wir für einen Setter mit metallverschraubten und bis zu den Achseln eingegipsten Vorderläufen das Umfeld möglichst angenehm gestalten könnten, stieg er bei unserer Ankunft fast selbstständig aus dem Wagen, ließ sich von dem bereits wartenden Empfangskomitee angemessen begrüßen, um dann zielstrebig in die Küche zu stelzen und das für ihn vorbereitete Menü ohne Zögern zu verzehren.

Im Anschluss suchte er sein lang vermisstes Kissen auf und schlief mit einem Ausdruck der Zufriedenheit ein.

Nur ein plötzliches Rumpeln unterbrach die friedvolle Stimmung. Astral träumte von Möwen.

Wenn ich heute nach der Evolution meiner Arbeit gefragt werde, muss ich sie in zwei Zeitzonen unterteilen: vor und nach Astrals Sprung.

Hätte ich zuvor meine Tätigkeit noch als Hundetraining bezeichnet, wurde in der Zeit danach mehr und mehr sichtbar, dass genau diese Form der Einflussnahme auf soziale Lebewesen der Auslöser desaströser Katastrophen ist. Schon kurz nach dem dramatischen Vorfall begann die für mich unvermeidliche und zum Teil sehr schmerzhafte Aufarbeitung des Geschehenen.

Es wäre einfach gewesen, das Ganze als unglücklichen Unfall abzutun oder, wie üblich, den »Trieb des Tieres« verantwortlich zu machen. Ich kann versichern, dass ich das versucht habe. Aber egal, wie häufig ich diese Ansätze favorisierte, sie fühlten sich immer irgendwie falsch an.

Ich machte für mich so etwas wie eine Liste der für mich vorstellbaren Ursachen und arbeitete einen Punkt nach dem anderen erfolglos ab. Heute weiß ich, dass das eigentliche Problem bei der Suche bereits in dem Begriff »vorstellbar« lag. Denn der wahre Auslöser der Tragödie war bis zu diesem Zeitpunkt weder bekannt noch vorstellbar. Niemand wäre auf die Idee gekommen, dass die Ausbildung eines Hundes nach den bis heute noch üblichen Unterordnungskriterien genau zum Gegenteil führt.

Was aktuell selbstverständlich klingt, war in den Anfängen der Suche noch nicht zu erahnen: Begrenzung erzeugt immer Ausbruch!

Dieser Satz war zwar nicht unbekannt, aber dass er auch vom Menschen auf andere Säugetiere übertragbar wäre, klang für viele rückständige Hardliner nach Anarchie. Dabei wollten die frühen Vergleiche gar nicht an dem Bestehenden rütteln, sondern ausschließlich bei der Ordnung des Vorhandenen helfen. Für mich war es die einzige sinnvolle Herangehensweise, um Klarheit in die in der Vergangenheit pseudowissenschaftlich geprägte Fantasiewelt der Hundeausbildung zu bringen.

Die Aufgabe bestand für mich darin, alle Zeiger auf null zu stellen und mich Schicht für Schicht an den Kern des Übels heranzuarbeiten.

Ich muss gestehen, dass das Ausmaß dessen, was ich durch dieses Vorgehen sichtbar machen konnte, mich überrascht hat. Geht man noch heute davon aus, dass die Kontrolle eines Individuums notwendig sei, um dessen Schutz zu gewährleisten, ergaben die neuen Fakten ein widersprüchliches Ergebnis.

Die besondere Herangehensweise ließ nicht nur erkennen, welche negativen Auswirkungen Kontrolle auf jedes Lebewesen hat, sondern warf auch die Frage nach dem Ursprung unseres Kontrollbedürfnisses auf. Mit dem Vergleich war es nicht nur möglich, sein Gegenüber besser kennenzulernen, sondern man war auch indirekt aufgefordert, sich mit sich selbst auseinanderzusetzen.

Damit stand der Hund zwar weiterhin im Zentrum der Betrachtung, war aber nicht mehr das Objekt der Veränderungsnotwendigkeit, sondern der Schlüssel zur Selbstidentifizierung.

Durch die Verwendung der Analogie zwischen Mensch und Hund entstand die Möglichkeit, sich selbst aus einem neutralen Blickwinkel zu betrachten und festzustellen, dass die meisten grandiosen Eigenschaften, die uns ausmachen, uns häufig gar nicht bekannt sind oder wir sie aus dieser Unkenntnis sogar gegen uns einsetzen.

Manchmal bedarf es eines Schicksalsschlags, um sich aus seiner aufdiktierten Betrachtungsstarre zu befreien. In jedem tragischen Ereignis ruht auch die Chance für etwas Neues. In diesem Sinne: »Let's talk about dogs.«

Du wirst überrascht sein, was passiert, wenn man die noch verborgenen Dinge beim Namen nennt und am Ende erkennt, dass wir viel großartiger sind, als wir uns bisher zugestanden haben.

Astral sei Dank!

VORWORT

VOR GEBRAUCH SCHÜTTELN, NACH DEM SCHÜTTELN NICHT MEHR ZU GEBRAUCHEN

Beobachtet man den Menschen im Umgang mit sich selbst, entsteht häufig der Eindruck, dass seine geniale Funktionsweise für ihn ein Buch mit sieben Siegeln ist und bleibt. Vom ersten bis zum letzten Atemzug. Ein wenig erinnert sein Handeln an jemanden, der sich ein Smartphone neuester Generation angeschafft hat und am Ende *nur* damit telefoniert. Mehr oder weniger zufällig stolpert er über nützliche Zusatzoptionen, wie zum Beispiel eine Taschenlampe, um dann vor Ablauf der Garantie eine ungefähre Ahnung von den tatsächlichen Möglichkeiten dieses Meisterwerks menschlichen Erfindungsgeistes zu haben.
Leider ist es dann zu spät. Die nächste Generation steht bereits in den Startlöchern und dem ehemals innovativen Wunderwerk bleibt nur noch ein Platz auf dem Wertstoffhof.

U.n.p. (Update not possible)

Den größten Teil unseres Lebens verbringen wir damit, zu zweifeln. Wir wollen alles richtig machen beziehungsweise richtig sein. Aber allein der Umstand, dass wir zweifeln, hinterlässt bei uns das Gefühl des eigenen Mangels. Hinzu kommt die fehlende Vorstellung davon, wie das Richtige aussehen soll.

Zum Verzweifeln.

Stellt euch jedoch vor, es gäbe so etwas wie eine Bedienungsanleitung für den Menschen, die uns den Zweifel nehmen könnte. Eine, die beweisen kann, dass es in der Natur gar kein Richtig oder Falsch gibt. Somit wäre das Zweifeln kein Handicap, sondern Ausdruck einer Selbstbestimmtheit.

Unter diesen Voraussetzungen könnte auch der Zweifel als notwendige Grundlage freier Entscheidung Anerkennung finden. Klingt auf einmal gar nicht mehr so destruktiv, oder? Manchmal braucht es eben nur ein wenig Mut, die verordneten Vorgaben infrage zu stellen.

Es sind noch immer diese Dogmen, die verhindern, dass vermeintlich komplizierte Zusammenhänge in ihrer Einfachheit erkannt werden. Zusammenhänge, die uns glauben lassen, dass wir nicht in der Lage seien, ohne die Hilfe übergeordneter Autoritäten unabhängige Entscheidungen zu treffen.

Hat bisher gut funktioniert, ist aber gelogen.

Dogmen sind der größte Feind der Veränderung. Sie wurden geschaffen, um unerwünschte Nachfragen zu unterdrücken. Es ist an der Zeit, sich von ihnen zu befreien. Das Gruselige ist aber, dass diese widerspenstigen Dinger so etwas wie einen Selbstschutzmechanismus haben.

Stellst du sie infrage, wehren sie sich mit Händen und Füßen und prophezeien den Untergang des Abendlandes.

Zum eigenen Schutz empfiehlt sich, das Dogma nicht frontal zu attackieren. Wie Kung Fu Zius schon sagte: Ist die Haustür gut bewacht, geh durchs Fenster. Die Strategie muss vielmehr lauten, sich aus einer vollkommen überraschenden Richtung an den Gegner anzuschleichen. Wie zum Beispiel, den Dogmatiker in ein Gespräch über den Hund zu verwickeln.

Zu Beginn sollte man die Verteidigung des Widersachers mit unschuldigen, vermeintlich oberflächlichen Fragen unterlaufen, um ihn zu allgemeingültigen Antworten zu bewegen. Wenn ihm die Übertragbarkeit seiner Statements bewusst wird, ist es schon zu spät. Er hat sich unbemerkt selbst widerlegt. Da hilft ihm nur noch die Kapitulation.

Hat man das Dogma einmal überwunden, eröffnet sich eine völlig neue Perspektive auf vorhandene Erkenntnisse.

In einer veränderten Anordnung ergeben sie plötzlich wieder einen Sinn. Durch die Aufhebung des Denkverbotes entsteht ein neuer Interpretationsraum, der es ermöglicht, zuvor eingeschlossene Zusammenhänge zu befreien und so etwas wie eine lange überfällige Bedienungsanleitung für die außerordentlichen Fähigkeiten des menschlichen Verstandes zu formulieren. Gleichzeitig wird ein gemeinsamer Bauplan aller Säugetiere sichtbar.

U.P. (Update possible)

Dieses Buch kommt auf den Punkt, ist konzentriert und will sich nicht ablenken lassen. Es ist eine Zusammenfassung von unabhängigen Texten, die einzeln aber auch linear von Anfang bis Ende gelesen werden können. Es geht um Haltung, um eine Grundhaltung: Jedes Säugetier hat ein Grundrecht auf seine eigene Macke, einen Freibrief zur eigenen Entfaltung.

KAPITEL 1

DAS KIND MUSS EINEN NAMEN HABEN

Jeder Freund des gepflegten Horrors kennt die schaurige Wirkung des Unausgesprochenen. Nicht das Offensichtliche und Sichtbare, sondern das Diffuse und Namenlose lösen bei uns das größte Unbehagen aus. »Es« ist die Ohnmacht, die uns quält, die immer entsteht, wenn wir etwas nicht benennen können.

Denn nur eindeutige Zuordnungen lassen uns ein Gefühl von Sicherheit empfinden.

Es hat deshalb einen Grund, dass es in der Auseinandersetzung mit gewollten oder ungewollten Veränderungen im Leben wichtig ist, neue Bedingungen unzweifelhaft betiteln zu können.

Am Beispiel der Beziehung zum Hund lässt sich besonders gut verdeutlichen, was passiert, wenn man diesem Ratschlag nicht folgt und stattdessen mit gefährlichem Halbwissen auf gutgläubige Säugetiere einzuwirken versucht.

Kein Wunder: Die am häufigsten erlebte Emotion im Umgang mit Hunden ist die Hilflosigkeit des Menschen, die entsteht, wenn er, von falschen Voraussetzungen ausgehend, versucht, das Verhalten seines besten Freundes zu interpretieren. Allein die Vielzahl der bisweilen äußerst skurrilen Rückschlüsse würde genügend Material für eine erfolgreiche Sitcom bieten.

Ein Beispiel dafür ist die Unterstellung, der Hund sei ein Lebewesen im Hier und Jetzt. Das hört sich im ersten Moment nicht so dramatisch an, zumal wir ständig, ob wir wollen oder nicht, aufgefordert werden, unser Dasein im Moment zu genießen. Carpe Diem!

Das Leben im Hier und Jetzt wird stellvertretend zum Zenit des Glücklichseins erklärt. Diese Stufe des Glückempfindens, die uns Menschen nur selten oder nur unter enormen Anstrengungen gelingt, wird beim Hund als Grundausstattung vorausgesetzt. Das ist doch beneidenswert, oder?

Jetzt kommt der Sitcom-Gag. Beim Hund wird als Resultat des zuvor vernachlässigten Vergleiches mit uns selbst und der damit einhergehenden unkorrekten Zuordnung identisches Verhalten als Indiz seiner Andersartigkeit und Eingeschränktheit angesehen.

In seinem Fall wird die Feststellung, »er lebe im Hier und Jetzt«, genutzt, um ihn von seiner Selbstbestimmtheit zu befreien. Denn jemand, der nur in der Gegenwart lebt, kann unmöglich sein zukünftiges Handeln strategisch planen oder Rückschlüsse aus seiner Vergangenheit ziehen. Und jemand, der nicht plant, kann folgerichtig für sein Tun nicht verantwortet werden.

Logisch? Der Hund wird auf ein instinkt- und triebgesteuertes Subjekt reduziert, dessen Kontrolle zwingend notwendig ist und dessen »Kontrolleur« in den Stand eines Wohltäters erhoben wird.

Nur der undankbare Fellträger hat die noble Absicht nicht »kapiert« und wehrt sich ungerechtfertigterweise gegen die ach so gut gemeinte Fremdsteuerung. Anstatt nun im Widerspruch des Kontrollierten einen Anlass zum Hinterfragen der eigenen Maßstäbe zu sehen, glaubt man im Widerstand des Hundes die Bestätigung der Eingeschränktheit und die Rechtfertigung noch intensiverer Kontrolle zu erkennen.

Dass ein derartig massiver Eingriff in die Freiheit des anderen nicht die Lösung, sondern die Ursache einer unheilvollen Ohnmachtsspirale ist, dürfte jedem bewusst sein, für den die Gleichwertigkeit des Individuums keine Frage der Spezies ist.

Die Folgen für beide Parteien sind auf jeden Fall desaströs. Für den Hund bedeutet es, sein Leben in Unfreiheit verbringen zu müssen und niemals in seinen wirklichen Möglichkeiten erkannt und gefördert zu werden. Für den Menschen bleibt nur die quälende Ohnmacht im Umgang mit einem Lebewesen, das ihm wie kein anderes nahesteht, das er aber nie verstehen wird.

Am Ende sind beide Opfer der Leichtgläubigkeit des Menschen geworden, der nur allzu gerne der Meinung der Mehrheit folgt, auch wenn seine innere Stimme ihn vergeblich zu warnen versucht. Die Angst, sich zu irren, scheint so groß zu sein, dass er bereitwillig ein Leben ohne Rückgrat in Kauf nimmt.

Dabei ist »irren menschlich« und Teil unseres evolutionären Erfolges. Es ist absurd, aufgrund eines falsch verstandenen Perfektionismus seine Menschlichkeit aufgeben zu wollen.

Bei dem Versuch, die andauernde Forderung der Gesellschaft nach Makellosigkeit zu erfüllen, haben wir allerdings übersehen, dass kein Mensch bei der Auseinandersetzung mit neuen Sachverhalten objektiv sein kann.

Doch der Glaube an die Objektivität macht uns zum Spielball eigennütziger Meinungsmacher.

Nur mit Zuhilfenahme der Reflexion ist es möglich, dem Unbekannten einen sicheren Platz in unserem Ordnungssystem zuzuteilen. Allerdings wurde die Reflexion lange Zeit gerade von Perfektionisten nicht verstanden oder bewusst zweckentfremdet. Streng nach dem Motto: Wer reflektieren muss, ist unsicher und wer unsicher ist, kann auch in der Hierarchie keine exponierte Position einnehmen. Diese Form des vergleichenden Nachdenkens wurde großzügig dem Bereich der Therapie zugestanden. Und weil Therapie indirekt auf Krankheit hinweist, wurde die Reflexion, um nicht schwach zu erscheinen, über viele Jahre in ein Schattendasein verbannt.

Damit ist es indirekt gelungen, ungewollte Nachfragen zu unterdrücken, ohne offensichtlichen Einfluss auf den Wissensuchenden auszuüben. Aber sie ist wieder zurück. Interessanterweise erlebt die Reflexion eine Renaissance genau in den Kreisen (zum Beispiel im Management), die bisher nichts von ihr wissen wollten. Besonders diejenigen, die glauben, für sich eine neue Freigeistigkeit, anders zu denken, entdeckt zu haben, feiern sie als neue Errungenschaft, aber missbrauchen sie dieses Mal als Instrument der Selbstrechtfertigung des alten Systems.

Uns sollte bewusst sein, dass nur derjenige, der nicht aufhört, selbst zu fragen und zu überprüfen, wahre Stärke beweist und sich den einzigen Weg zur eigenen Unabhängigkeit eröffnet.

Es ist immer die Benennung, die es möglich macht, uns von der Ohnmacht zu befreien, die durch falsche Darstellung oder Unwissenheit verursacht wird. Die Reflexion hilft uns, in einer Welt der Informationsüberflutung eigene Koordinaten zu finden. Sie verschafft uns die Gelegenheit, Erfahrungen und Erlerntes miteinander zu vergleichen und bei zukünftigen Entscheidungen vorteilhaft einzusetzen.

Es mag zwar sicherer erscheinen, den vorverdauten Brei anderer runterzuwürgen, aber aufgrund der Unkenntnis seiner Inhaltsstoffe besteht unsere einzige Gewissheit darin, dass am Ende nur geistiger Dünnschiss dabei herauskommt.

KAPITEL 2

TAUSCHE HIRN GEGEN WELPEN

Bereits mit der ersten Pfote, die der Hund in unser Leben setzt, sind wir verloren. Egal, wie intensiv wir uns auf diesen neuen Lebensabschnitt vorbereiten, erwischt es uns vollkommen unerwartet. Zuerst schleicht sich das schlechte Gewissen ein, unserem vierbeinigen Schutzbefohlenen nicht zu genügen.

Keine einzige Quelle erwähnt allerdings, dass sich automatisch mit dem Erstkontakt unser bisher rationales Denken und Handeln in den Ruhestand verabschiedet – Rückkehr ungewiss.

Von nun an übernimmt das schlechte Gewissen die Hoheit über unsere künftigen, nicht selten verstörenden Entscheidungen.

Unser schlechtes Gewissen lässt sich nicht rational erklären. Selbst gegenüber Hunden, die wir heroisch aus der Tötungsstation gerettet haben, das heißt ihr Tod war bereits beschlossene Sache, beschleicht uns nach kurzer Kennenlernphase das Bedürfnis, etwas wiedergutmachen zu müssen. Ohne jede gemeinsame Vergangenheit, für die wir uns entschuldigen müssten. Will man die Ursache dieses unlogischen Verhaltens ergründen, kann man früh erkennen, dass der Hund selbst nicht aktiv an dieser kognitiven Verzerrung beteiligt ist.

Außer mit dem Wunsch nach sozialer Nähe und Sicherheit nähert sich der Hund ohne jede weitere Erwartung an ein bestimmtes Verhalten von uns der neuen Gemeinschaft.

Er ist bereit, sich mit seinen Möglichkeiten in bestehende Konstellationen einzufügen. Wie jedes Säugetier verhält er sich instinktiv: Die Anpassung an das Vorhandene ist seit jeher der Schlüssel des evolutionären Erfolges. Infolgedessen müssen wir gar nichts Besonderes anstellen, um dem Neuzugang sein Bedürfnis nach Integration zu erfüllen.

Wir müssen nur so bleiben, wie wir sind und dem Anpassungssuchenden durch das Aufzeigen unserer bereits existierenden Regeln helfen, die Grundlagen unseres Zusammenlebens zu erkennen.

Der Hund wird es uns danken. So viel ist sicher. Er ist nicht der Verursacher unseres permanent schlechten Gewissens. Dessen Ursprung liegt ausschließlich bei uns selbst. Es beruht auf zwei gravierenden, aber durchaus vermeidbaren Betrachtungsfehlern.

Der erste basiert auf dem Missverständnis, dass Hunde nicht mit Menschen verglichen werden können.

Weshalb wir fatalerweise von einer gegenteiligen Bedürfnislage unseres »tierischen« Freundes ausgehen. Damit ist das Chaos vorprogrammiert. Zwangsläufig übersehen wir den gemeinsamen Wunsch nach Sicherheit bei unserem Gegenüber und vernachlässigen damit die primäre Grundlage seines Wohlbefindens.

Die zweite Fehleinschätzung betrifft unsere eigene Person. Wie alle Säugetiere haben wir den Wunsch nach Anerkennung. Wir möchten geliebt werden.

Das ist nicht nur normal, sondern auch die notwendige Voraussetzung unserer sozialen Motivation. Allerdings wird dieses Begehren von einer häufig unbekannten Nebenwirkung begleitet: der Angst, abgelehnt zu werden.

Genau diese Angst vor Ablehnung, gepaart mit dem Glauben, unser Gegenüber sei nicht vergleichbar mit uns, bildet die unheilvolle Grundlage aller weiteren Verständnisprobleme. Aus dem nachvollziehbaren Bestreben, gemocht zu werden, versuchen wir fortan, vermeintliche Bedürfnisse unseres Sozialpartners zu erfüllen, die dem Betroffenen bis zu diesem Zeitpunkt gänzlich unbekannt waren. Gleichzeitig übersehen wir die auch für uns selbst wichtigste Eingliederungsreihenfolge:

Sicherheit vor Bedürfnis.

Genau gesagt, besteht unsere vorrangige Aufgabe darin, das primäre Sicherheitsbedürfnis unseres Anvertrauten zu gewährleisten. Erst im nächsten Schritt können wir unter Zuhilfenahme des Vergleichs seine wahren Ambitionen identifizieren. Es wird uns bisweilen nicht überraschen, wenn uns diese auf einmal sehr vertraut erscheinen.

Zu guter Letzt wird sich mit der Erkenntnis der Vergleichbarkeit unser schlechtes Gewissen in einen Einhornpups verwandeln. Was bleibt ist Glitzer!

KAPITEL 3

SAFETY FIRST

Reden wir über Bedürfnisse. Das ist so eine Sache. Befragt man Menschen, die sich nicht in einer Krise befinden, nach ihrem wichtigsten Bedürfnis im Leben, können wir sicher sein, dass Freiheit die Poleposition einnimmt. Fragt man wiederum nach, warum, fällt auf, dass Freiheit oft mit Freizeit verwechselt wird. Aktivitäten und Konsum müssen als Indizien für ein freies, selbstbestimmtes Leben herhalten. Lässt man sich allerdings nicht von diesen Oberflächlichkeiten ablenken, wird schnell sichtbar, dass wirkliche Freiheit die Möglichkeit bezeichnet, eine Wahl zu haben.

Freiheit steht als Synonym für Eigenverantwortlichkeit. Hoch lebe die eigene Entscheidung!

Wenn, ja wenn da nicht die Krise wäre. Sie beeinflusst unsere Freiheit, weil sie unaufgefordert alle Illusionen einer planbaren Zukunft zunichtemachen kann. Kein Wunder, dass jeder Mensch und jede seriöse Institution, die sich mit künftigen Entwicklungen beschäftigt, die Krise grundsätzlich berücksichtigt. Stellt man dann erneut die Bedürfnisfrage, sozusagen in weiser Voraussicht der Unvermeidbarkeit kommender Krisen, drängt sich unaufhaltsam unser übergeordnetes Verlangen in den Vordergrund: Sicherheit!

Sicherheit sticht Freiheit. Frei ist gut, aber sicher ist besser.

Schauen wir uns dieses Phänomen, für das wir selbst unsere mühsam erkämpfte Selbstbestimmung aufgeben würden, einmal genauer an. Was hat es mit der hochgepriesenen Sicherheit auf sich? Zuallererst müssen wir feststellen, dass Sicherheit nicht substanziell ist. Sie beschreibt vielmehr eine Empfindung.

Eine Empfindung, die wir verspüren, wenn wir nicht aktiv entscheiden müssen.

Im Umkehrschluss würde das bedeuten, dass die Notwendigkeit, eine Entscheidung treffen zu müssen, gleichbedeutend mit dem Gefühl von Unsicherheit ist.

Das klingt im ersten Moment verwirrend, zumal wir für die Möglichkeit einer Wahl bereit wären, jede Entbehrung in Kauf zu nehmen, um uns aus der Geiselhaft eines Tyrannen zu befreien.

Bei genauerer Betrachtung wird indes deutlich, dass es bei der Freiheit gar nicht um die Wahl selbst geht, sondern um »die Möglichkeit«, eine zu haben. Tatsächlich suchen wir nämlich alle nach Führung – nach Orientierung, nach einer Person oder Institution, die in unserem Sinne für uns entscheidet. Sie darf uns nur nicht bevormunden. Wir übertragen deshalb Entscheidungen, ohne unsere Sicherheit infrage stellen zu lassen.

Um besser zu verstehen, warum wir so immens bestrebt sind, Entscheidungen nicht selbst treffen zu müssen, ist es von Vorteil, sich den eigenen Bauplan anzuschauen. Die Evolution hat unseren Organismus perfekt auf unser Umfeld eingestellt.

Die Herausforderungen des alltäglichen Überlebenskampfes bestehen darin, permanent multiple Anforderungen zeitgleich zu verarbeiten und gegebenenfalls angemessen zu reagieren.

Dafür benutzt unser Gehirn zwei hoch spezialisierte Werkzeuge. Eines ist das Bewusstsein. Seine Aufgabe besteht in der Erfassung und Analyse noch nicht bekannter Daten oder jener Daten, die bei Veränderung äußerer Bedingungen jeweils neu interpretiert werden müssen. Nach jeder Analysetätigkeit besteht die Notwendigkeit, die Ergebnisse in Entscheidungen umzuwandeln. Das kostet viel Energie.

Hinzu kommt, dass wir die Gefahr einer persönlichen Fehlentscheidung am meisten fürchten.

Allein die Vorstellung, selbst etwas falsch machen zu können, versetzt uns in einen Zustand, der mit den Folgen eines Kobrabisses vergleichbar wäre: Unruhe, Panik bis hin zur vollständigen Lähmung sind beliebte Begleiter des menschlichen Zweifels, richtig zu entscheiden. Aufgrund dieser unschönen Nebenwirkungen sind wir nur allzu gerne bereit, unsere bewussten Entscheidungen abzutreten.

Es gibt noch einen weiteren Grund, warum bewusste persönliche Entscheidungen nicht gerne getroffen werden. Neben dem (bereits erwähnten) hohen Energieverbrauch und dem ewigen Zweifel sind Entscheidungen langsam, viel zu langsam für die Bewältigung plötzlicher Anforderungen. »Plötzlich« ist aber in unserem Alltag eher das Normale als die Ausnahme.

Bühne frei für unseren zweiten und wichtigsten Player: das Unterbewusstsein.

Alle Abläufe, die wir im Unterbewusstsein gespeichert haben, sind bereits von der lästigen Analyse befreit und mit einer Festlegung verknüpft. Dadurch ist das Unterbewusste wahnsinnig schnell, leider zum Preis der Objektivität. Aber was zählt schon Objektivität, wenn es um Sicherheit geht? Da muss man Prioritäten setzen.

Festlegungen bedeuten, dass man sich den Aufwand erspart, Bekanntes jedes Mal neu bewerten zu müssen. Das Prinzip dieser eindeutigen Zuordnungen basiert auf der Suche nach Konstanten in unserer Umwelt.

Denn alles, was konstant ist, wird zur Routine.

Dabei spielt die Qualität der Konstanten keine Rolle. Wenn bewiesen wurde, dass etwas wiederkehrend gleich auftritt, wird ohne Wenn und Aber die Nachfrage entfernt und der effizienteste Lösungsweg im vorhandenen Kontext zur Grundlage der zukünftigen unterbewussten Anpassung.

Das Gehirn konstruiert: Äußerer Schlüsselreiz = Handlung.

Diese Prozesse steuern ab jetzt den größten Teil unseres täglichen Handelns. Wer bis jetzt geglaubt hat, der Mensch sei ein bewusstes Lebewesen, muss sich eines Besseren belehren lassen.

Mehr als 90 Prozent unserer Aktivitäten werden durch unser Unterbewusstsein initiiert. Einen Zustand der hundertprozentigen unterbewussten Anpassung würden wir als absolute Sicherheit empfinden.

Bedauerlicherweise können die verbleibenden zehn Prozent bewusster Überlegungen aus bereits angeführten Gründen nicht zur Routine werden.

Mit dieser Erkenntnis könnte man sagen, das Bewusstsein sei eigentlich das ungeliebte Kind unseres Organismus und mit seinen zehn Prozent leider zu groß für die Babyklappe.

KAPITEL 4

PFLEGEANLEITUNG FÜR VORURTEILE

Es scheint von jeher populär zu sein, wann immer jemand einen gesellschaftlichen Missstand kritisiert, dass er zeitgleich die Abschaffung von Vorurteilen fordert. Das kommt selbst bei vollkommener Gehaltlosigkeit eines Themas grundsätzlich gut an.

Verpaart mit dem Wunsch nach Weltfrieden ist diese Forderung eine unschlagbare Kombination, um den Mitteilungsbedürftigen auf das Gandhi-Niveau zu erheben.

Allem Anschein nach, ist dem Vortragenden aber nicht bewusst, dass ohne Vorurteile ein Überleben gar nicht möglich wäre. Sie sind unser wichtigstes Werkzeug, um die ständige Informationsflut unseres Alltages überhaupt verarbeiten zu können.

Sinn würde die Forderung nach der Abschaffung von Vorurteilen nur dann machen, wenn der ebenfalls gewünschte Weltfrieden durch das Auslöschen der menschlichen Bevölkerung herbeigeführt werden soll. Unter diesen Umständen ist die Idee gar nicht so schlecht.

Wahrscheinlich liegt das Missverständnis darin begründet, dass der Begriff aus nicht mehr nachvollziehbarem Grund den Makel »negativ« aufgestempelt bekommen hat. So müssen Vorurteile für alle nachteiligen Stereotype herhalten, die als politisch nicht korrekt eingestuft werden. Vielleicht liegt es an der unglücklichen Bezeichnung?

Das Vorurteil klingt wie die letzte Instanz vor der ewigen Verdammnis. In Wahrheit ist das Vorurteil eine geniale Schöpfung der Evolution und in seinem Wesen vollkommen neutral.

Wir sollten deshalb den Begriff wechseln, um ihn aus der Ecke der Stigmatisierung herauszuholen. Die Bezeichnung »Vorfilter« ist präziser. Ein vorgeschalteter Filter, der dem Bewusstsein durch Vorselektion den größten Teil seiner energieverschwendenden Entscheidungsfindung erspart. Was zwingend notwendig ist, denn:

Das Bewusstsein kann nur eindimensional arbeiten. Es ist nicht in der Lage, zeitgleich mehrere Bewertungen vorzunehmen.

Nur durch die Vorfilter (formerly known als Vorurteile) ist unser Gehirn in der Lage, zeitgleich die wachsenden Informationen aus der Umwelt zu bewältigen und sie in eine Aktion umzuwandeln. Wie aber funktioniert ein Vorurteil? Nun, es ist so etwas wie eine Vereinbarung, bereits bekannte Informationen und Sachverhalte nicht jedes Mal neu interpretieren zu müssen. Es legt sich eindeutig fest. Dadurch wird das Bewusstsein entlastet.

Denn weniger oder gar nicht analysieren zu müssen, erhöht die Geschwindigkeit der Informationsverarbeitung.

Der Nachteil: Die Geschwindigkeit hat ihren Preis. Als Grundlage, um sich festzulegen, dienen alle Konstanten in der Umgebung, unabhängig von ihrer Qualität. Wer schnell sein will, kann nicht wählerisch sein. Er nimmt, was effizient erscheint.

Die Natur kennt unsere Wahrheiten nicht. Wie jedes Säugetier entscheidet der Mensch kontextbezogen. Das heißt, in einem vorhandenen Kontext ist der effizienteste Lösungsweg die Grundlage seiner Wahl.

Wird diese effiziente Wahl dann noch mehrmals bestätigt und festigt sich als Konstante, wird sie zur Basis des Vorfilters. Ab diesem Zeitpunkt trennt das Gehirn sich von der lästigen Einschätzung und legt den erfolgreichsten Lösungsansatz als Standard fest. Obwohl wir die Möglichkeit der Wahl als unsere Freiheit erkennen, sind wir froh, wenn möglichst viele dieser Standards uns die Konflikte, die mit jeder Wahl einhergehen, sowie die Gefahr von Fehlentscheidungen ersparen.

Lange Rede, kurzer Sinn. Eigentlich ist es ziemlich einfach. Ohne Rücksicht auf Verluste wird alles zur Routine, was konstant ist.

Dabei wird nicht auf »richtig« oder »falsch«, »positiv« oder »negativ« und schon gar nicht auf »gut« oder »böse« geachtet. Die beste Botschaft lautet:

Jedes Vorurteil lässt sich bei Bedarf updaten und neu routinieren.

Mithilfe unserer Fähigkeit, Vergangenes zu reflektieren und die gewonnenen Erfahrungen in unserem künftigen Handeln zu berücksichtigen, haben wir die Möglichkeit, Vorurteile umzubauen. Auch hier gilt das Prinzip der Konstanz. Dieser Umbau findet fragmentiert statt. Denn jede einzelne Reflexion kann ein neues Fragment im bestehenden Filter werden. Schritt für Schritt können wir mit dem neuen Wissen über das Reflexionstool unsere künftige Vorfilterung mitgestalten.

Wurden unsere ersten Vorurteile in der Vergangenheit noch ohne unsere Beteiligung durch unser Umfeld beeinflusst, sind wir jetzt in der Lage, diese zu hinterfragen und bei Bedarf zu aktualisieren.

Es sollte uns nicht überraschen, wenn bei einer Inventur jede Menge Old-School-Filter zum Vorschein kommen.

Der Umgang mit unseren Hunden steht exemplarisch für die Verwendung eines antiquierten Vorurteils oder Vorfilters. Um die außergewöhnliche Position des Menschen in der Schöpfungsgeschichte zu rechtfertigen, wurde dem Tier von einigen großen Religionen die Gleichwertigkeit abgesprochen. Denn wenn der Mensch das Spitzenprodukt der Schöpfung sein möchte, darf er nicht vergleichbar mit dem profanen Tier sein.

In dieser überholten und unhaltbaren Annahme hat man sich in grauer darauf Vorzeit geeinigt, Tiere als infantil einzuordnen.

Die allgemeine Zustimmung wurde zur Konstanten und zum Fundament des Vorurteils »Tier«. Der Vorfilter lässt uns bis zum heutigen Tag nur das erkennen, was von Unwissenden in der Vergangenheit programmiert wurde. Und nach wie vor müssen Tiere, insbesondere unsere Hunde, unter dieser eigennützigen Einschätzung durch den Menschen leiden.

Denn unabhängig davon, wie sehr der Hund sich um Aufklärung bemüht, sehen die Menschen in seinen Anstrengungen nur infantiles Verhalten.

Amüsant ist indes der Umstand, dass es uns bei der Beobachtung des Menschen mit seinen Hunden nach wie vor schwerfällt, den Infantilen eindeutig zu identifizieren. Sollten wir uns in Zukunft dabei ertappen, den Hund mit debiler Ansprache zu noch debilerer Handlung aufzufordern, können wir uns jetzt damit entschuldigen, das Opfer einer altertümlichen Intrige zu sein, und Besserung geloben.

Jede begonnene Reflexion ist schon ein Fragment der Veränderung!

KAPITEL 5

DREI SÄUGETIERE AUF DER COUCH

Auch wenn wir uns damit schwertun, uns mit anderen Lebewesen zu vergleichen, lieben wir es dennoch, sie miteinander zu vergleichen. Vielleicht weil sie uns so nahestehen, müssen besonders unsere vierbeinigen Mitbewohner, wie Hunde und Katzen im Wettstreit gegeneinander beweisen, welches wohl die intelligentere Spezies ist.

Im Glauben an irgendeine Objektivität wird in dubiosen Versuchsanordnungen der Intellekt der bevorzugten Art nach der eigenen Favorisierung ermittelt.

Aus unerklärbaren Grund hat die Katze bei diesen Tests oft die Nase vorne.

Die Testanforderungen sind offenbar so gestaltet, dass der Hund immer blöd dabei aussieht. Ohne auf die Vielzahl absurder Aufgabenstellungen einzugehen, verrät uns die Auswahl der Kriterien viel über das ambivalente Verhältnis des Menschen zu den Lebewesen in seinem unmittelbaren Umfeld.

Auf der einen Seite versucht er, seinen Hund gefügig zu erziehen, um später sein devotes Verhalten als Bestätigung seiner geringen Intelligenz heranzuziehen.

Auf der anderen Seite scheitert er mit dem gleichen Vorhaben bei der Katze und feiert diese für ihre vermeintlich höhere geistige Kapazität und Eigenständigkeit.

Wer glaubt, der Hund müsse sich einfach nur weigern, den unglücklichen Unterordnungsversuchen seines Freizeitdompteurs nachzugeben, der irrt. Denn vergleicht der Mensch Hunde miteinander, wird der Gehorsamsresistente als der Dümmste deklariert und dem unterwürfig Ergebenen die höhere Auffassungsgabe zugesprochen. Verrückt!

Verantwortlich für diese kuriose Sichtachsenverkrümmung sind unsere Vorfilter, die, wie schon erwähnt, uns nur das sehen lassen, was zuvor programmiert wurde.

Wie wir unsere Umwelt beurteilen, ist im höchsten Maße abhängig von unserer Sozialisierung.

Ein Beispiel: Vergrößern wir unseren Vergleichsbereich und stellen den Menschen selbst in die Reihe der zu bewertenden

Versuchsobjekte, wird deutlich, wie unsere Vorurteile bei identischem Verhalten aller drei Beteiligten zu vollkommen unterschiedlichen Rückschlüssen führen.

Zu diesem Zweck schließen wir die Augen und stellen uns vor, wie wir eine Katze beobachten, die zusammengerollt und schnurrend auf der Couch ruht.

Bei den meisten Betrachtern löst dieses Bild ein Gefühl von Entspannung und Gemütlichkeit aus. Selbst wenn die Katze über Stunden diese Position nicht verändert, ist das Verhalten für Katzenfreunde ein Indiz für die Zufriedenheit des Stubentigers und für sich selbst die Bestätigung, alles richtig gemacht zu haben.

Jetzt tauschen wir die Katze gegen einen Hund. Augen geschlossen halten!

Der Hund liegt in der gleichen Art und Weise auf der Couch. In der ersten Stunde wird sein Verhalten mit dem der Katze gleichgestellt. So weit, so gut. Aber mit jeder weiteren Minute, die vergeht, fühlt sich der humane Beobachter immer unwohler in seiner Haut. Sein schlechtes Gewissen meldet sich.

Er beginnt, sich über die mangelnde Auslastung des Hundes zu sorgen, und verurteilt sich selbst für die von ihm verursachte Vernachlässigung. Um sich zu beruhigen, entschuldigt er sich im Zehnminutentakt bei seinem schnarchenden Hund und gelobt, alles wiedergutmachen zu wollen. Ab Stunde vier organisiert er bereits in Gedanken den Tierarztbesuch.

Szenenwechsel. Dieses Mal liegt der Mensch geschlagene vier Stunden schnarchend in relaxter Rückenlage auf der Couch.

Doch niemand entschuldigt sich. Mit jeder Minute, die er länger entspannt, steigt die Anspannung im Raum. Von schlechtem Gewissen keine Spur. Auch die Ansprache lässt von der Fürsorglichkeit, die der Hund noch erfahren hat, nichts mehr erkennen.

Das angeführte Beispiel verdeutlich, dass wir uns bei der Wahrnehmung und Bewertung von Sachverhalten selten am Offensichtlichen orientieren, sondern an den bereits zuvor festgelegten Vereinbarungen einer Gemeinschaft. Aber es besteht kein Grund zur Sorge.

Mit unserem Wissen um das Update von Vorfiltern sind wir in der glücklichen Situation, die bereits bestehenden Inhalte eines vorhandenen Filters zu hinterfragen und bei Bedarf zu modifizieren.

Auf der Reflexionsebene können wir eine Form von tatsächlicher Objektivität erreichen und aktuelle Erkenntnisse in der Umgestaltung unserer Vorfilter berücksichtigen.

Wenn wir dieses überaus wertvolle Werkzeug der bewussten Sichtbarmachung sinnvoll einsetzen, wird es uns gelingen, dass in Zukunft die faule Katze beschimpft wird und sich jemand bei dem Anblick unserer kreativen Pausen sogar entspannt und sich feiert, weil er alles richtig gemacht hat.

KAPITEL 6

DER GALAPAGOS-EFFEKT

Unterhält man sich mit Hundemenschen über die größten »Hilflosigkeiten« im Zusammenleben mit ihren Vierbeinern, wird am häufigsten die Angst genannt, etwas »falsch« zu machen. Hinzu kommt die Vermutung jedes einzelnen, dass diese Angst seine persönliche Bürde sei.

In der Annahme, dass alle anderen es richtig machen, nur man selbst versage, reift diese irrationale Empfindung sogar bis zu einer lähmenden Ohnmacht heran.

Es wäre deshalb hilfreich, wenn allgemein bekannt wäre, dass man nicht allein damit und dieses dumpfe Gefühl nur allzu menschlich ist. Noch befreiender ist die Tatsache, dass es in der Natur keine Bewertungskriterien wie »richtig« oder »falsch« gibt.

Diese Beurteilungen sind rein menschlichen Ursprungs. Sie dienen dem Menschen dazu, sich in einer Welt kontinuierlicher Veränderungen eine Illusion stabiler Werte zu schaffen.

Besonders sollten wir unser Augenmerk darauf richten, dass jede Gruppe oder Gemeinschaft ihre eigenen Regeln schafft – natürlich in der festen Überzeugung, dass es sich um die einzigen »richtigen« handelt.

Man braucht nicht viel Fantasie, um sich auszumalen, welchen gesellschaftlichen Sprengstoff diese unglückliche Irrung enthält. Allein die Akzeptanz, dass es in der Natur keine allgemeingültigen und verbindlichen Vorgaben gibt, katapultiert unser gesellschaftliches Miteinander auf ein ganz neues Level.

So wie jedes soziale Säugetier hat der Hund das Bedürfnis, Teil einer Gemeinschaft zu sein. Wenn er sich um einen Platz in einer neuen Gruppe bemüht, orientiert er sich in erster Linie an der Resonanz auf sein Verhalten.

Das heißt, er versucht durch »try and error« die Vorlieben und Abneigungen seiner zu diesem Zeitpunkt noch fremden Familie zu entschlüsseln. Alle eindeutig erkennbaren Strukturen macht er zur Grundlage seiner Anpassung.

Sie werden indes nicht nach der Qualität bewertet und bedürfen auch keiner Zustimmung des Suchenden.

Die Überprüfung orientiert sich nicht an den Kriterien »richtig« oder »falsch«, sondern der Hund benutzt als Säugetier das Prinzip der Effizienz beziehungsweise der Ineffizienz des eigenen Handelns, um sich in sein verändertes Umfeld zu integrieren.

Diese Vorgehensweise könnte man den »Galapagos-Effekt« nennen. Nicht erst seit Charles Darwin steht die Inselgruppe als Synonym für die unglaubliche Fähigkeit der Natur, selbst unter widrigsten Ausgangsbedingungen erstaunliche Lebensformen hervorzubringen.

Leguane, die schwimmen gelernt haben, weil an Land nicht genügend Nahrung zu finden war. Vulkangestein war verdauungstechnisch nicht so der Brüller. Oder Kormorane, die aufgrund fehlender Beutegreifer an Land ihre Flugfähigkeit aufgegeben haben. Das sind nur zwei Beispiele stellvertretend für die erstaunlichen Ergebnisse der biologischen Improvisation.

Evolution bedeutet die Annahme des Vorhandenen, um daraus das Beste zu machen. Jede gelungene Integration ist gleichzeitig ein Teil der Evolution.

Wir können beim Hund das identische Vorgehen erkennen, wenn er Mitglied einer neuen Gemeinschaft werden will. Solange man nicht davon ausgeht, dass der Neuankömmling unsere Bewertungen wie »richtig« und »falsch« oder »gut« und »böse« kennt, besteht kein Anlass zur Sorge, den Bedürfnissen des Hundes nicht gerecht zu werden.

Er wird die vorhandenen Strukturen übernehmen, unabhängig davon, wie sinnig sie ihm erscheinen. Denn nicht die Richtigkeit unserer Handlung ist für ihn relevant, weitaus bedeutungsvoller ist die Selbstverständlichkeit unserer Darstellung. »Überzeugtheit führt«.

Die frohe Botschaft lautet, dass wir keine Zeit mehr investieren müssen, um den Hund zu verändern. Dafür fehlt jede Rechtfertigung. Weder mangelt es dem Hund am Wollen noch an Fähigkeiten.

Er bringt als Säugetier alle erforderlichen Voraussetzungen mit, um die Anforderungen unseres Alltages zu bewältigen. Es bedarf lediglich zuverlässiger Vorbilder.

Wir sollten uns weniger Gedanken machen, ob wir in den Augen des anderen »richtig« sind. Nur wenn es für uns selbst

»richtig« ist, können wir unser Handeln auch überzeugt vertreten.

Durch das Verständnis, dass unsere eigenen Erfahrungen nicht nur ausreichen, sondern geradezu das Fundament der Sicherheit unseres haarigen Freundes bilden, werden wir zum Fels in der Brandung.

Verabschiede dich von deiner Ohnmacht! »Sei Galapagos!«

KAPITEL 7

THE WELLERMAN

Fiete war ein Seehund. Korrekt gesagt, er war ein Hund, der zur See fuhr. Schon in Welpentagen hat ihn die Leidenschaft fürs Meer erfasst. Vielleicht lag es an seiner irischen Abstammung. Hat diese Nation doch viele Generationen von großen Seeleuten hervorgebracht.

Obwohl in Duisburg geboren, verriet sein langes, kastanienrotes Haar, welche Gene in ihm schlummerten.

Zu seinem großen Glück kreuzten zwei Menschen seinen Weg, die seine Sehnsucht mit ihm teilten. Schon bei ihrer ersten Begegnung fiel ihm an den beiden ein feiner, für menschliche Nasen nicht wahrnehmbarer Duft auf: Meeresbrise – der Duft der Freiheit und ein Opiat für jeden echten Mariner.

An dem Tag, an dem die drei sich entschlossen, ihr Leben miteinander zu teilen, bestätigte sich seine Ahnung.

Der erste gemeinsame Ausflug, den sie miteinander unternahmen, ging nicht zur Hundewiese, sondern zum lokalen

Hafen. Wenn dieser auch nicht am Meer lag, war er zumindest das Tor dorthin.

Schon nach zwei Wochen ging es gemeinsam auf große Fahrt. In den folgenden Monaten sollte eine 20 Meter lange Kutterjacht ihr Zuhause sein – 20 Meter Planken als Sinnbild unbändiger Unabhängigkeit.

Allen Unkenrufen zum Trotz, dass Irish Setter, um artgerecht zu leben, viel Raum zum Laufen bräuchten, widerlegte ein Blick auf Fiete.

Wenn er am Bug stand, seinen Körper an die Reling presste, war er der König der Welt. Doch bei aller Seefahrerromantik darf man die profanen Bedürfnisse der Besatzung nicht außer Acht lassen. Neben der Nahrungsversorgung gibt es auch das Thema der späteren Reststoffentsorgung. Normalerweise bleibt die unvermeidbare Notdurft in fast allen Heldengeschichten unerwähnt.

Es sei denn, sie ist, wie es bei Fiete der Fall war, ein Abenteuer für sich.

Nachdem seine Mitstreiter sich den Kopf darüber zerbrochen hatten, wie das Thema »Stuhlgang« für Fiete ideal zu lösen wäre, schlug ein befreundeter und sehr erfahrener Seebär eine äußerst hochseetaugliche Schwenkvorrichtung vor, mit der man Fiete gesichert in einem dafür eigens angefertigten Spezialgeschirr längsseits über Bord manövrierte.

Amüsanterweise entschied man sich für den Begriff »Kielholen« als Signal, wenn es für Fiete an der Zeit war, seine Geschäfte zu erledigen.

Aufforderungen wie »Pipi oder Bubu machen« wären für einen waschechten Piraten auch unwürdig gewesen. Nachdem die ersten Bedenken beseitigt waren und sich die Konstruktion auf dem Trockenen bereits bewährt hatte, konnte sie ihre Tauglichkeit auf hoher See täglich mehrfach unter Beweis stellen. Für Fiete war das vollkommen normal. War er doch von klein auf dran gewöhnt.

Wer glaubt, dass ihn irgendein Seegang hätte abhalten können, seinem vertrauten Ritual nachzugehen, macht sich keine Vorstellung von der Entschlossenheit eines irischen Setters.

Mit der Nase im Wind und einem Lächeln im Gesicht, ließ er der Natur ihren freien Lauf. Und wenn es die Böen zuließen, konnte man hören, wie er den »Wellerman« summte.

Beim Barte des Klabautermannes versichere ich, dass es sich bei dieser Geschichte nicht um Seemannsgarn handelt. Sie beruht auf einer wahren Begebenheit.

KAPITEL 8

DER KÖNIG IST TOT … UND DAS IST AUCH GUT SO!

Nur ein Narzisst ist in der Lage, sich eine so infame Gesellschaftsordnung wie die Hierarchie auszudenken.

Also ein Ordnungsprinzip, dass die Betroffenen glauben lassen soll, dass ihr Lebenswert geringer sei als der Lebenswert der selbstherrlichen Profiteure.

Damit keine Klage aufkommen kann, muss üblicherweise die Natur als Rechtfertigung herhalten.

Insbesondere der Wolf wird aus dem Hut gezaubert, sobald ein Querulant einen Hauch von Skepsis äußert.

Er sei der Erfinder der Hierarchie und lebte sie in Reinform vor. Natürlich? Zumindest hat sich die humane Gesellschaft auf diese haltlose Annahme zur eigenen Beruhigung geeinigt.

Dummerweise hat man nur vergessen, den Wolf zu informieren und ihm damit jede Möglichkeit genommen, seiner ihm zugewiesenen Rolle gerecht zu werden.

Nichtsahnend zeigt er, wann immer man ihn in seiner angestammten Umgebung beobachtet, sein besonders ausgeprägtes Sozialverhalten.

In der Natur gibt es keine Hierarchie.

Beziehungsweise, wenn sie in sozialer Gemeinschaft praktiziert wird, läuft in der Führung etwas richtig schief. Denn nur eine unsichere Führung greift auf dieses Prinzip zurück, um die eigene Inkompetenz zu verschleiern.

Eine souveräne Führungspersönlichkeit hat es nicht nötig, sich über andere Lebewesen zu erheben.

Überraschend ist der Umstand, dass es so lange Zeit, und wir sprechen von Jahrtausenden, niemand bemerkt hat, dass es sich bei der Behauptung, die Hierarchie sei die natürliche Grundordnung, um ein reines Produkt narzisstischer Fantasie handelt.

Das mag zum einen daran liegen, dass in der Vergangenheit der Zugang zu Wissen sorgfältig reguliert wurde. Weitaus wahrscheinlicher scheint jedoch die Vermutung, dass bei der vehementen und häufig brachialen Art und Weise der Verfechter dieses Trugbildes, sich niemand getraut hat, dieses zu hinterfragen.

Denn wer so laut schreit, kann doch nicht irren?

An diesem Punkt wird deutlich, wie sehr uns das Bedürfnis nach Sicherheit die Augen vor den offensichtlichen Fakten verschließen lässt. Eindeutigkeit ist uns wichtiger als inhaltliche Nachweisbarkeit.

Genau diese ungeschützte Hintertür nutzt jeder Populist, um seine eigennützigen Ziele auf Kosten der gutgläubigen Mehrheit durchzusetzen. Sein wichtigstes Instrument ist die Angst.

Ohne Angst kann keine Hierarchie existieren.

Die kontinuierliche Warnung vor einer imaginären Gefahr, vor der nur er uns beschützen kann, war schon immer ein beliebtes Mittel, kritische Menschen gefügig zu machen. Aber der perfideste Schachzug besteht darin, die zuvor geschürte Verunsicherung als allgemeine humane Schwäche zu deklarieren und diese als Legitimation für die hierarchische Reduzierung zu verwenden.

Man muss sein Gegenüber nur so lange erniedrigen, bis es am Ende selbst um Unterordnung fleht.

Das Ganze nennt man freien Willen, und der Despot lässt sich als Befreier feiern. Er hat uns praktisch von unserem Willen befreit. Danke.

God save the …*

Aber es besteht Hoffnung. Ein Reset ist möglich. Um eine tatsächliche Veränderung herbeizuführen, bedarf es der Bereitschaft, vermeintlich Unstrittiges zu hinterfragen.

Die wichtigste Voraussetzung für diesen lange überfälligen Wandel besteht in der Akzeptanz der Gleichwertigkeit aller Individuen. Allein diese Akzeptanz nimmt der Hierarchie jegliche Pseudorechtfertigung, um eine freie Gesellschaft in Stände oder Schichten einzuteilen.

* Platzhalter für eine beliebige Person, die dir einfällt.

Es dürfte nicht einfach sein, eine Person oder Gruppe zu diffamieren, wenn wir deren Autonomierecht nicht mehr infrage stellen.

Mit diesem korrigierten Blickwinkel wären wir weitaus weniger anfällig für die verlockenden Fliegenfallen falscher Demagogen. Im zweiten Schritt gilt es, sich von den Fesseln der diktierten Mangelhaftigkeit zu befreien. Narzissten beherrschen meisterlich die Kunst, unsere Zweifel als Schwächen erscheinen zu lassen – Schwächen, die sie, wie könnte es anders sein, selbst nicht haben.

Zum Beispiel handelt es sich beim Wunsch nach Anerkennung nicht um ein niederes Bedürfnis, sondern er stellt die Grundlage aller sozialen Motivationen dar.

Er ist keine individuelle Schwäche, vielmehr ist er die notwendige und verbindende Komponente aller in einer Gemeinschaft lebenden Säugetiere.

Gott sei Dank. Denn in einer Welt, die den »Richtigen« feiert, geht niemand gerne mit seinen vermeintlichen Mängeln hausieren. Durch diese neue Benennung gibt es folglich keinen Grund mehr, dieses natürliche Empfinden weiterhin zu verstecken.

Emotionen, die wir verbergen, können wir nicht reflektieren, und sie werden früher oder später zur eigenen seelischen Schlangengrube.

Durch die Benennung versetzen wir uns in die Lage, eigene Entscheidungen treffen zu können. Wir holen uns die Hoheit über unsere Selbstbestimmtheit zurück.

Und was den König betrifft, werden wir in Zukunft sehr viel genauer hinsehen, wem wir uns anvertrauen.

Gute Führung drängt sich nicht auf, gute Führung wird berufen.

KAPITEL 9

THE »WILL TO PLEASE«

Vor jeder Veränderung steht immer erst die schmerzhafte Auseinandersetzung mit sich selbst. Auf der Suche nach den eigenen Stärken werden wir häufig durch unsere anerzogene Selbstreduzierung blockiert.

Wie kann es sein, dass sich, bei aller empfundenen Mangelhaftigkeit, durch Obduktion der eigenen Persönlichkeit noch Vorzüge entdecken lassen?

Viel größer erscheint die Gefahr, dass unsere unausgesprochene Unzulänglichkeit für alle anderen offensichtlich wird.

Sehr früh wird uns beigebracht, dass nur derjenige gefällt, der die für ihn vorgesehene Rolle akzeptiert. Spätestens mit der Einschulung wird unsere angeborene Unbefangenheit durch ein inhumanes Notensystem in systemkonforme Angepasstheit umgewandelt.

Hat man unsere Bereitschaft, zu hinterfragen, bis zu diesem Zeitpunkt als kindliche Neugierde gefeiert, wird durch das Diktieren genormter Lösungswege ab dann jede Form von kreativer Selbstentfaltung erstickt. Das ist die Geburtsstunde des Zweifelns: sind wir »richtig«?

Unser gemeinsamer Wunsch, gefallen zu wollen, wird uns zum Verhängnis.

Wir passen uns gutgläubig den Vorgaben an, um im Anschluss zu erfahren, dass genau diese blauäugige Anpassungsbereitschaft ein Indiz dafür sei, kontrolliert werden zu müssen.

Derjenige, der um jeden Preis gefallen will, hat seinen Anspruch auf Selbstbestimmtheit aufgegeben. Oder?

Gibt sich jemand im Umgang mit anderen noch Mühe, nicht allzu offensichtlich herablassend zu erscheinen, können wir in der Beobachtung des Zusammenlebens mit dem Hund oft die wahre Gesinnung einer Person erkennen.

Besonders auffällig ist der Versuch, einen Hund mit diversen Mitteln zu einem willenlosen Jasager zu manipulieren, um im Nachhinein dieses aufgezwungene devote Verhalten als Charakterschwäche zu verurteilen.

Scheitert der Hundehalter in dem Unterfangen, seinen Hund derart zu degradieren, wird diesem je nach eigener Stimmungslage abwechselnd Dummheit oder genetisch bedingte Sturheit attestiert.

»Er hat seinen eigenen Kopf«, ist in diesem Zusammenhang ein beliebter und zumindest anatomisch korrekter Erklärungsversuch für das Waterloo eines jeden Hundeplatz-Napoleons.

Absurderweise steht in diesem Zusammenhang »der eigene Kopf« nicht für den freien Willen des Rebellen, sondern soll im Gegenteil seine angeborene infantile Disposition beweisen.

Dass für den Hundehalter der Wunsch, zu gefallen, zu diesen kindlichen Persönlichkeitseigenschaften eines Lebewesens zählt, wird spätestens dann sichtbar, wenn er über die vererbte Leichtführigkeit von Vertretern der sogenannten Will-to-please-Rassen sinniert. Das sind im Regelfall britische Hunderassen, wie Retriever oder Collies, die mit berechtigtem Stolz von ihren Züchtern mit diesen heroischen Worten angepriesen werden.

Dummm nur, wenn man diese Beschreibung nicht korrekt übersetzt. Fälschlicherweise ist man bei dem blumigen Lobgesang nämlich davon ausgegangen, dass der will to please mit dem Wunsch nach Unterordnung gleichzusetzen sei.

Also einen Hund darstellt, der sich faktisch selbst schult und nach Unterdrückung lechzt.

Ich bin mir ziemlich sicher, dass wenn die Briten diesen Schlüssel der Einflussnahme auf das Erbgut eines Säugetieres gefunden hätten, das Empire wieder im alten Glanz auferstehen würde. Anders als bisher vermutet, handelt es sich bei dem »Wunsch, zu gefallen« nicht um die Schwäche einiger weniger Individuen, vielmehr ist er eine gemeinsame und notwendige Stärke, ohne die ein Zusammenleben in einer Gemeinschaft nicht möglich wäre.

Er ist die Voraussetzung der Motivation und der Treibstoff jeder sozialen Dynamik.

Viel zu lange haben wir jenen geglaubt, die uns weismachen wollen, dass Stärke das Gegenteil von Emotion ist.

Doch Ellenbogen statt Empathie hat ausgedient.

Sollte in Zukunft wieder einmal ein so bedauernswertes Geschöpf den Versuch starten, seinen Führungsanspruch mit dem

Fehlen dieser wichtigen Empfindung zu untermauern, lass dich nicht verunsichern und nimm es in den Arm.

Mit höchster Wahrscheinlichkeit handelt es sich um einen Narzissten, der nur geliebt werden möchte, sich aber nicht traut, es auszusprechen.

Gib ihm Liebe, aber keine Macht.

KAPITEL 10

WENN'S JUCKT, NICHT KRATZEN!

Wenn Freiheit die Möglichkeit einer Wahl ist, dann entreißt uns jemand die Freiheit, wenn er uns die Wahl nimmt. Das ist, bezogen auf eine außenstehende Person, einfach nachvollziehbar, und der Verursacher ist leicht zu identifizieren. Wir können uns wehren, wenn ein Freiheitsentzug droht.

Weitaus komplizierter wird es, wenn wir selbst diejenigen sind, die sich in der Wahl beschneiden.

Das hört sich unglaublich an, ist aber die am häufigsten praktizierte Freiheitsberaubung, mit der wir uns unbeabsichtigt selbst demontieren. Interessanterweise macht unser Gehirn keinen Unterschied, von wem es bevormundet wird. Kein Wunder also: Die Reaktion auf die eigene Bevormundung scheint identisch mit der Reaktion auf den Versuch der externen Einflussnahme.

Vive la révolution!

Gnadenlos und ohne Rücksicht auf Verluste reagiert unser Denkzentrum mit der gegenteiligen Empfindung auf die Beschneidung jeglicher Wahl. Diese sogenannte Umkehrpsychologie erzeugt in uns das Bedürfnis, sich dem Bevormunder zu widersetzen, indem wir uns aus Prinzip konträr verhalten. Mit etwas Fantasie kann man sich vorstellen, welche absurden Konsequenzen entstehen, wenn wir selbst Auslöser der Bevormundung sind.

In diesem nicht seltenen Fall wehrt sich unser Gehirn gegen sich selbst.

Es beginnt ein Kampf, bei dem es keinen Gewinner geben kann. Wenn wir Glück haben, geht es nur um unbedeutende Konflikte, wie etwa sich aus vernunftorientierten Gründen den Verzehr von Schokolade zu untersagen. Den sich unaufhaltsam einstellenden Heißhunger auf die kakaohaltige Masse werden wir wohl ohne Folgeschäden überleben. Mit Ausnahme der Schweizer Eidgenossen. Ähnlich verhält es sich mit festen Vorsätzen, wie zum Beispiel dem Körper in Zukunft durch sportliche Aktivität etwas Gutes tun zu wollen.

Gleichgültig, wie sehr du zu Beginn motiviert bist, du kannst sicher sein, dein Gehirn sieht das anders.

Sätze, die mit »Du musst« oder »Du darfst nicht« beginnen, sind die Garantie für eine spontane Protestbewegung.

Versuch, dir mal zu untersagen, dich zu kratzen, wenn es juckt.

Richtig gruselig wird es, wenn man sich bewusst macht, wie oft wir uns, nur um zu gefallen oder um dem äußeren Anspruch zu genügen, unsere wahren Empfindungen untersagen und damit den beschriebenen Mechanismus in Gang setzen. Im Glauben, dass wir den Maßstäben unseres Umfeldes nicht gerecht werden, beginnen wir einen zerstörerischen Feldzug gegen uns selbst. Fatalerweise übersehen wir, dass nicht nur das Außen diese Maßstäbe setzt, sondern dass man dort selbst Opfer der gleichen Unaufgeklärtheit ist.

Jeder glaubt vom anderen, dass dieser einen in diese missliche Situation gebracht hätte.

Das Resultat der fehlenden Kenntnis über die Wirkung der Umkehrpsychologie auf unser Handeln und Empfinden ist eine Verkettung von zwangsläufigen Missverständnissen, die am Ende einen Kreislauf aktivieren, bei dem niemand mehr zuordnen kann, wie er eigentlich begonnen hat.

Im Rückblick wird deutlich, dass jede Form von diffuser Wahlbeschneidung das Gefühl der Ohnmacht bei uns auslöst und wir nur durch das Aufdecken des Verborgenen die Freiheit der Entscheidung wieder zurückerlangen. Wir können mithilfe der Reflexion unterbewusste Verknüpfungen sichtbar machen und bei Bedarf updaten.

Glücklicherweise ist da nichts in Stein gemeißelt.

Neben dem bereits erwähnten Dogma sollten wir ein besonderes Augenmerk auf alle diffusen und namenlosen Emotionen richten. Bei diesen handelt es sich zumeist um die aus anerzogenem Schamgefühl tief vergrabenen Unsicherheiten, die wir vor unserem Umfeld verbergen wollen.

Diesen Zustand der Selbstgeißelung könnte man auch als soziale Ohnmacht bezeichnen. Hierbei handelt es sich um die Lieblingsohnmacht aller Hundebesitzer. Im festen Glauben, dass man selbst wenig von der Resonanz des gesellschaftlichen Umfeldes abhängig sei, wird spätestens mit den ersten Kontakten schmerzhaft deutlich, wie sehr die Meinung zufälliger Begegnungen unser Weltbild massiv erschüttern kann.

Beiläufige, häufig unüberlegte Bemerkungen unserer Zufallsbekanntschaften, bezogen auf das Verhalten unseres Hundes, sind in der Lage, uns zutiefst zu verunsichern.

Reflexartig werden nun die vertrauten Rechtfertigungsstrategien aktiviert, um nicht vor einem Fremden das Gesicht zu verlieren. Die Angst, nicht richtig zu sein, scheint so groß, dass die rationale Analyse in den Hintergrund gedrängt wird und keine sachliche Einschätzung der realen Situation mehr möglich ist.

Die Wahrscheinlichkeit, dass für unser Gegenüber unsere Begegnung schon nach wenigen Minuten an Bedeutung verliert, kann nicht den von uns zuvor aktivierten Selbstzweifel beruhigen.

Häufig setzen wir uns noch Tage später mit dem Ereignis auseinander und suchen verzweifelt nach der Ursache des eigenen Versagens. Immer mehr gewinnt der Wunsch die Oberhand, bei zukünftigem Aufeinandertreffen die Souveränität zu bewahren. Wir wollen also Unsicherheit nicht zulassen. Und schwups, da ist sie, die eigene Bevormundung.

Ab diesem Zeitpunkt beginnt das bereits bekannte Martyrium. Je mehr wir versuchen, das Kratzen zu vermeiden, wenn es juckt, desto …

Die nun folgende Eskalationsspirale dürfte uns bekannt sein. Die Geschichte hat immer den gleichen Ausgang. Und wenn sie nicht gestorben sind, dann kratzen sie noch heute.

KAPITEL 11

DIE WIESE ALS WIEGE DER DEMOKRATIE

Hinter den sieben Bergen, dort, wo aus der Mitte ein Fluss entspringt, gibt es einen Ort, an dem alle Menschen unabhängig ihrer Herkunft und ihres gesellschaftlichen Standes hierarchiefrei und gleichwertig miteinander existieren.

Unabhängig davon, dass viele Bewegungen bei dem Versuch der Umsetzung einer solchen Begegnungsstätte aufgrund ihrer Institutionalisierung kläglich scheiterten, ist sie dennoch unbemerkt entstanden.

Zugegebenermaßen ist die Ortsangabe ein wenig unpräzise. »Wenn du diesen Ort finden willst, darfst du ihn nicht mit dem Verstand suchen, sondern mit dem Herzen, dann wirst du ihn erkennen.« (Yoda oder so.)

Hierarchieabbau ist eines der großen Versprechen unserer Zeit. Es klingt modern, und alle Welt feiert sich dafür, dass man nach Jahrhunderten der Fronarbeit jetzt vorsichtig über die Gleichwertigkeit des Individuums nachdenkt.

Auch wenn man dieses Greenwashing als Innovation verkaufen möchte, sei an dieser Stelle bemerkt, dass es sich bei der Gleichwertigkeit nicht um ein großzügiges Zugeständnis lebensfremder Eliten handelt, sondern um das Grundrecht eines jeden Lebewesens. Denn niemand hat das Recht, über ein anderes Lebewesen zu bestimmen, auch nicht zu dessen Wohl.

Dabei sollte man nicht dem Trugschluss unterliegen, in der anfänglichen Verunsicherung der Befreiten den Wunsch nach Aufrechterhaltung der alten Ordnung erkennen zu wollen. Ein wenig erinnert ihre Zurückhaltung an das Verhalten eines alten Zirkuslöwen, dem man nach all den Jahren der Erniedrigung auf seine alten Tage die Freiheit schenkt, der sich aber trotz weitgeöffneter Käfigtür in die Vertrautheit seines Gefängnisses zurückzieht.

Es reicht nicht, eine neue Umgangskultur zu verordnen, sondern man muss diese mit aller Überzeugtheit vorleben, nur dann kann man seinem Umfeld die notwendige Sicherheit zur Veränderung anbieten.

Tief in uns verborgen schlummert noch der unabhängige Löwe. Man muss ihm nur Zeit geben, sich an seine ureigenste Bestimmung zu erinnern.

Dabei hilft eventuell ein Blick auf den anfangs erwähnten Ort, den Ort, den man auch als Wiese der Demokratie bezeichnen könnte. Bei dem Wort »Wiese« handelt es sich nicht um einen Schreibfehler, sondern um ein Synonym für alle Treffpunkte, an denen sich Menschen mit einem gemeinsamen Interesse begegnen und ohne jegliches strategisches Kalkül eine hierarchiefreie Gemeinschaft bilden.

Wer hätte gedacht, dass eine Ansammlung von Hundehaltern uns die Möglichkeit aufzeigt, unsere Gesellschaft aus einem ganz neuen Blickwinkel wahrzunehmen.

Die Hundewiese ist eine mystische Begegnungsstätte. Individuen unterschiedlichster Herkunft, bunt zusammengewürfelt, ergeben ein neues und wunderbares Ganzes aufgrund nur einer Gemeinsamkeit: dem Hund.

Die Hundewiese ist selbstverständlich kein Raum voller Harmonie. Es menschelt an jeder Ecke. Alle Facetten der Conditio humana sind vertreten. Sympathie und Antipathie halten sich die Waage, spielen aber im Sinne des geteilten Interesses nur eine untergeordnete Rolle.

Eines der auffälligsten Merkmale ist die unbefangene Gesprächskultur, frei von den sonst üblichen Silberrückenattitüden.

Es wird geplaudert, ohne permanent auf den Schutz seiner möglichen Achillesferse bedacht zu sein. Man muss sich nicht verstellen, weil man nicht stürzen kann. Ohne Hierarchie gibt es keine Stolperfallen, die von ewig lauernden Emporkömmlingen aufgestellt werden, um sofort zuzuschnappen, wenn man auch nur für einen kurzen Augenblick seine professionelle Rüstung ablegt.

Ein bisschen erinnern diese Zusammentreffen an die Tage der Kindheit, kurz bevor die erste Institution unsere Unbefangenheit in einen »Wettkrampf« verwandelt hat. Vielleicht ist es das fehlende Schamgefühl dem Hund gegenüber, das den Kontakt zu anderen Schicksalsgenossen in einer positiven Weise beeinflusst.

So können jahrelange Freundschaften entstehen, in der die gesellschaftliche Stellung des Gegenübers nie thematisiert wird. Sie hat keine Bedeutung.

Einzig und allein die gemeinsame Leidenschaft für den Hund und die Möglichkeit, eine unbeschwerte Zeit frei von den täglichen Machtkämpfen miteinander zu verbringen, bilden die Grundlage für ein oft Hundeleben überdauerndes Zusammengehörigkeitsgefühl.

Ohne eine formulierte Verfassung basieren die ungeschriebenen Umgangsregeln solcher Gruppierungen häufig auf unserer angeborenen Bereitschaft zum sozialen Zusammenleben.

Jeder kann mitmachen, solange er den persönlichen Freiraum des anderen respektiert.

Damit bieten diese Konstellationen eine enorme Offenheit gegenüber Neulingen an. Die fehlende Abgrenzung scheint der Hierarchie die Möglichkeit der Wirksamkeit zu nehmen. Das Faszinierendste jedoch besteht in der Abwesenheit jeglicher gewählten Führung.

Wie selbstverständlich sind alle Anwesenden an allen relevanten Abstimmungsprozessen beteiligt, und im Zentrum der Orientierung stehen niemals die Lautesten, sondern die mit der größten Erfahrung. Diese würde man allgemein als die Ältesten bezeichnen, jedoch löst sich selbst die Altersfrage in einer gleichwertigen Verbindung vollständig auf.

Wenn nur eine Gemeinsamkeit Menschen dazu bringen kann, sich gegenseitig so respektvoll zu behandeln, was würde erst passieren, wenn wir uns endlich bewusst machen würden, wie viele gemeinsame Werte uns verbinden?

»Demokratie kann so einfach sein.«
(Yoda oder so)

KAPITEL 12

SCHÄM DICH!

Wann immer Menschen Probleme mit ihren Hunden beschreiben, handelt es sich bei den geschilderten Symptomen fast ausschließlich um ihre sogenannte »soziale Ohnmacht«: jene Ohnmacht, die wir in der Gegenwart anderer empfinden.

Durch die diffuse Einflussnahme unseres unmittelbaren Umfeldes entsteht in uns bereits früh der Eindruck, den Vorstellungen der Gesellschaft genügen zu müssen.

Befeuert durch das ureigene Bedürfnis aller Säugetiere, gefallen zu wollen, wird unbeabsichtigt die Angst vor möglicher Ablehnung als Motiv unseres zukünftigen Handelns angelegt.

Es versteht sich von selbst, dass diese unheilvolle Kombination nicht die beste Voraussetzung für die Entwicklung einer unabhängigen Persönlichkeit ist. Umso mehr drängt sich die Frage auf, ob Eigenständigkeit überhaupt erwünscht ist. Trotz der Beteuerungen, nur das Beste für uns zu wollen, kann man spüren, wie mit immensem Aufwand alles getan wird, die Abhängigkeit des Individuums eher zu vergrößern, als sie zu beseitigen.

Man könnte glauben, eigens für diesen Zweck wurde die Scham erfunden.

Auch wenn es Stimmen gibt, die das Schamgefühl als angeborene Empfindung des Menschen deklarieren wollen, ist zu bemerken, dass einige Exemplare auf wundersame Art und Weise von dieser Form der Selbstreduzierung nicht betroffen sind. Komisch.

Der schäbige Rest, landläufig auch als Mehrheit bekannt, muss sich damit abfinden, ein Leben voller Selbstzweifel zu führen.

Denn die teuflischste Stärke des Schamgefühls oder besser der sozialen Ohnmacht besteht in ihrer Eigenschaft, in uns permanent das Gefühl der Minderwertigkeit zu schüren.

Genauer gesagt sind wir es am Ende selbst, die die einmal in uns gesetzte Saat dieser giftigen Frucht aus eigener Unsicherheit immer wieder gießen und zum Erblühen bringen.

Bei aller Mühe, die Herkunft der Scham zu verschleiern, verrät ihre Ausrichtung die wahren Verursacher. Interessanterweise empfinden wir sie nur, wenn wir irrigerweise davon ausgehen, dass uns ein »überlegenes« Lebewesen gegenübersteht.

Das Märchen von der »angeborenen Überlegenheit« ist eine beliebte Erzählung im Fantasiereich der Tyrannen. Man braucht nur jemanden, der sie glaubt.

Wer wäre dafür besser geeignet als ein dauerverunsichertes Geschöpf, das sich bei jeder noch so kleinen Kritik selbst infrage stellt?

Trainiert darauf, nicht in Ungnade zu fallen, aktivieren wir automatisch alle Mechanismen, um auf keinen Fall unsicher oder gar dumm dazustehen. Doch je mehr wir etwas vermeiden wollen, desto massiver zerrt uns die Umkehrpsychologie in die gegenteilige Richtung.

Bei dem Versuch, Gelassenheit zu simulieren, stehen wir am Ende mit beiden Füßen im Fettnäpfchen. Wieder einmal peinlich.

Jetzt könnten wir alle blamablen Momente, die wir in unserem Leben erlebt haben, auflisten, analysieren und bedauern.

Das können wir uns allerdings sparen. Denn die meisten von uns wissen nur zu gut, welche zermürbende Auseinandersetzung hier beschrieben wird.

Eine Warnung möchte ich an diejenigen aussprechen, die sich in diesen Zeilen nicht wiedererkennen: »Wir wissen ab jetzt, wo euer Haus wohnt!« Erkennt man in der Scham das Instrument der Hierarchie, ihre Gefolgschaft gefügig zu halten, ist ihr Haltbarkeitsdatum bereits abgelaufen. Es gibt keinen vernünftigen Grund, sich weiterhin gängeln zu lassen.

Wir sollten aufhören, unsere eigene Wertigkeit von der Zustimmung anderer abhängig zu machen.

Um sich von der unheilvollen Ohnmacht zu befreien, ist es besonders hilfreich, noch einmal den Menschen im Umgang mit seinem Hund zu betrachten. Hier können wir, wie durch eine Lupe betrachtet, menschliches Sozialverhalten in Reinform beobachten.

Dem Hund gegenüber verstellt sich der Mensch nicht. Er zeigt ungefiltert sein gesamtes Emotionsspektrum, ohne die übliche Angst zuzulassen, sich der Lächerlichkeit preiszugeben.

Denn im Gegensatz zum Umgang mit anderen Menschen gibt es hier einen eklatanten Unterschied: Der Mensch empfindet gegenüber dem Hund keine Scham. Befreit von dieser herabwürdigenden Fremdeinwirkung stünde einem Zusammenleben mit dem Hund auf Augenhöhe eigentlich nichts im Weg.

Doch anstatt aus der eigenen Erfahrung zu lernen, dreht der Mensch den Spieß um. Und trotz neuester wissenschaftlicher Erkenntnisse glaubt er lieber an die alttestamentarische Vorstellung der menschlichen Verfügungsgewalt über die niedere Kreatur. Mit dieser göttlichen Legitimation lebt er das aus, was er vor seinen Artgenossen mühsam zu verbergen versucht: den innigen Wunsch nach der Kontrolle seines Umfeldes.

Gespeist durch das Bedürfnis nach Anerkennung und die Angst vor Ablehnung, erhofft er sich durch den Einsatz unverhohlener Bevormundung die Zuneigung seiner Gemeinschaft zu erzwingen.

Auch wenn dieses Vorgehen verabscheuungswürdig erscheint, klingt es auf eine schaurige Weise sehr vertraut.

So können wir jetzt einen Blick auf das eigene Verhalten richten, ohne selbst direkt im Zentrum der Kritik zu stehen. Aus der Perspektive des externen Beobachters wird die Ironie, aber auch die Groteske dieses hilflos anmutenden Unterfangens sichtbar und somit benennbar. Und wie wir bereits wissen, verliert alles Benennbare seine Macht über uns.

Durch die Identifizierung der skandalösen Bestimmung durch das Schamgefühl sind wir in der Lage, die bewusste Entscheidung für ein schamloses Leben zu treffen.

Dadurch werden wir zwar noch nicht zu besseren Menschen, aber wir halten alle Fäden in der eigenen Hand. Ohne Gefahr zu laufen, uns zu blamieren, können wir endlich unsere echten Emotionen zeigen.

Denn alles, was wir nicht verbergen wollen, kann sich auch nicht gegen uns richten.

Nur Mut, es kann nichts schiefgehen. Und sollte doch einmal etwas suboptimal laufen, möchte ich ein Zitat meiner Großmutter anbieten: »Ist der Ruf erst ruiniert, lebt es sich völlig ungeniert.«

KAPITEL 13

EIN HÄSSLICHER VOGEL

Sucht man nach dem Ursprung aller menschlichen Kommunikationsprobleme, lässt dieser sich relativ einfach identifizieren.

Wir wissen heute mehr über das Universum als über die eigene Person.

Keine Angst, jetzt kommt kein esoterischer Vortrag über deine wunderbare, aber noch verborgene Schönheit und deine Potenziale, die du nur noch mit der richtigen Positivität freilegen brauchst.

Nein, die Wahrheit ist: in den Augen eines Guineapavians bist und bleibst du ein hässlicher Vogel.

Allein der Anblick deines blassen Hinterns löst in ihm ein gewisses Bedauern aus. Denn in seiner Gesellschaft gilt ein mächtig rot geschwollenes Hinterteil als attraktiv.

Gott sei Dank verhält es sich mit der Schönheit wie mit der Wahrheit. Sie liegt am Ende im Auge des Betrachters. Die Erkenntnis, dass es nicht die eine Wahrheit gibt, sondern diese immer nur in der Gruppe ausgehandelt wird, ist bereits der erste Schritt in Richtung einer möglichen Auflösung unserer Kommunikationsknoten. Wahrscheinlich würde uns allein dieses Zugeständnis bereits ermöglichen, andere Kommunikationen und soziale Systeme neutraler zu betrachten.

Der Wunsch der Missionierung würde der Bereitschaft zur Diskussion weichen. Wir müssten nicht mehr den Fremden von der Falschheit seiner Ansichten überzeugen, sondern könnten uns in neuer Offenheit mit den möglichen Vorteilen einer anderen Kultur auseinandersetzen.

Ist man bereit, in den vielfältigen Regelwerken unterschiedlicher Gemeinschaften immer deren Wunsch nach eigener Identität und somit nach Sicherheit zu sehen, wird es uns leichter fallen, die Gleichwertigkeit aller Lebewesen zu erkennen.

Schauen wir genauer hin, werden wir bemerken, dass wir bei aller Unterschiedlichkeit unserer Hardware alle das gleiche Betriebssystem teilen.

Wir wollen gefallen. Dieser uns alle verbindende Wunsch ist die Grundlage einer jeden Form sozialen Zusammenlebens.

Nur durch die Akzeptanz der Gleichwertigkeit eines anderen Individuums entsteht die Möglichkeit einer Integration in eine neue Gemeinschaft. Man sollte nie den Fehler begehen, dem Interessierten die eigene Kultur aufdrängen zu wollen, sondern ihm die Chance offenlassen, sich an bestehende Werte anzupassen.

Die Anpassungsfähigkeit an das Vorhandene ist eine weitere Gemeinsamkeit unseres Antriebssystems. Die größte Gefahr bei dem Versuch, jemandem den Einstieg in eine neue Gruppe zu erleichtern, besteht allerdings in der Verwechslung der Begriffe Gleichwertigkeit und Gleichberechtigung.

Aus der Perspektive der Vergleichbarkeit wird deutlich, dass Gleichberechtigung nicht zu Beginn, sondern erst am Ende einer erfolgreichen Integration stehen darf.

Diese Erkenntnis beruht auf dem gemeinsamen Werteempfinden. Wir schätzen nur etwas wert, das wir durch eigenes Bemühen erreicht haben und, noch wichtiger, auch wieder verlieren können.

Kurz gesagt: Alles, was uns selbstverständlich erscheint, verliert in unseren Augen seinen Wert.

Durch bedingungslose Gleichberechtigung verhindert man die Anpassung an ein vorhandenes Wertesystem und zerstört die Grundlage unserer angeborenen sozialen Motivation, sich einbringen zu wollen, die nur funktionieren kann, wenn ein Gleichgewicht zwischen Bemühung und Verteilung existiert.

Es entsteht sogar der Eindruck, dass erst die unglückliche Forderung nach Gleichberechtigung die Ursache sozialen Unfriedens darstellt. Sie wird im Gegensatz zur Gleichwertigkeit von den bereits verdienten Mitgliedern einer Gemeinschaft als Ungerechtigkeit empfunden.

Dass jemand, ohne je etwas für die Gemeinschaft getan zu haben, bereits die gleichen Rechte zugesprochen bekommt, erschüttert unser Gerechtigkeitsempfinden bis ins Mark.

Damit ist der Grundstein für die Ablehnung gegenüber allem Fremden schon gelegt, bevor überhaupt der Versuch einer Annäherung entstehen kann.

Letztlich müssen wir anerkennen, dass es sich bei der Gleichberechtigung nicht um einen angeborenen Anspruch des Einzelnen handelt, sondern um eine mögliche Verteilungsoption innerhalb eines sozialen Konstruktes, abhängig von seiner Integrationsbemühung.

Wenn wir allerdings beginnen, die Gleichwertigkeit als Grundrecht aller Individuen zu respektieren, wird die Gleichberechtigung automatisch wieder das erstrebenswerte Antriebsmotiv und der Leim jeder sozialen Gemeinschaft.

Wenn es gelingt, auch in Personen, deren Betrachtungen oder Handlungen wir zutiefst ablehnen, ein bedürfnisgleiches Lebewesen zu erkennen, sind wir in der Lage, trotz eines anfänglichen Unverständnisses, Gemeinsamkeiten zu erkennen und die Basis für eine vielleicht alles verändernde Kommunikation zu schaffen.

Vielleicht kommen wir am Ende sogar zu der Erkenntnis, dass ein roter Arsch weitaus erotischer sein kann als aufgespritzte Lippen.

In einer Welt von Gleichwertigen muss man nicht miteinander befreundet sein, aber man ist in der Lage, friedlich nebeneinander zu leben und voneinander zu lernen.

KAPITEL 14

MIT VERLAUB GESAGT

Soweit ich mich zurückerinnern kann, habe ich erwachsene Menschen in meiner unmittelbaren Umgebung, häufig Mitglieder meiner Familie, geduzt. Hier stand das »Du« als Synonym für die Zusammengehörigkeit einer Gruppe. In diesen noch glücklichen Tagen meiner Kindheit konnte ich mir nicht vorstellen, dass sich das im weiteren Verlauf meines Lebens noch ziemlich verändern sollte.

Mit meinem unaufhaltsamen Heranwachsen und der damit einhergehenden Ausweitung des persönlichen Bewegungsraumes vervielfachte sich der Kontakt zu Erwachsenen, die mit großer Wahrscheinlichkeit nicht Mitglieder meiner Familie waren.

Zu meiner Überraschung hatten diese Personen keine Vornamen, sondern bezeichneten sich als »Herr« oder »Frau«.

Ich vermutete, dass sie sich aufgrund ihres bereits fortgeschrittenen Alters daran erinnern mussten, welchem Geschlecht sie angehörten. Was für mich insofern Sinn machte, da ich trotz meiner jungen Jahre bereits aus eigener Erfahrung wusste, wie schnell man Dinge vergessen kann, die für einen selbst von geringer Bedeutung sind.

Vollkommen unerklärlich war allerdings die ablehnende Reaktion, die ich verspürte, wenn ich ein älteres Gegenüber, wie bis dahin für mich üblich, mit »Du« ansprach.

Einschneidend war für mich die Begegnung mit einer erwachsenen Person (ich glaube, sie gehörte der Kategorie »Herr« an), die meine an ihn gerichtete, unbefangene Frage: »Kannst du mir bitte sagen, wie spät es ist?« als respektlos bezeichnete und mir die Antwort auf meine Frage verweigerte.

Und als hätte das nicht gereicht, ergänzte er seine Empörung um die für mich lebensverändernden Worte: »Du solltest dich schämen!«

In der Schlussfolgerung, dass er mich duzte, ging ich davon aus, dass er die von mir vernachlässigte Geschlechtszuordnung kritisierte. Um die Situation zu entzerren, gelobte ich, mich in Zukunft angemessen zu schämen und bot ihm selbstverständlich die korrekte Ansprache an:

»Ich bitte vielmals um Entschuldigung, ich habe nicht sofort erkannt, dass du ein Herr bist. Das wird nicht wieder vorkommen.«

Als dieses unglückliche Missverständnis der Anrede geklärt war, setzte ich mich intensiv mit der Frage nach meiner fehlenden Scham auseinander. Dieses Empfinden war mir bis dahin noch unbekannt gewesen. Ich kann versichern: Ich habe in der Folge keinen Aufwand gescheut, diesen Mangel auszugleichen. Man will schließlich dazugehören. Nicht frei von Scham muss ich gestehen, dass ich das ohne die Mithilfe diverser Institutionen allein nicht geschafft hätte. Dafür möchte ich mich von ganzem Herzen bedanken.

Es drängt sich die Frage auf, warum in unserer aufgeklärten Gesellschaft nach wie vor eine überholte Ansprache wie das »Sie« aufrechterhalten wird.

Insbesondere am Beispiel der »Hundewiese« wird deutlich, dass, wann immer Menschen mit gemeinsamen Interessen aufeinandertreffen, das »Du« schnell als Zeichen der Zugehörigkeit verwendet wird. Das gilt vor allem für alle freizeitlichen Aktivitäten, die wir mit zunächst Unbekannten praktizieren. Mit spielerischer Leichtigkeit werden durch die Aufhebung der Sie-Barriere obligatorische Zurückhaltungen in kürzester Zeit beseitigt.

Der Weg für eine offene Kommunikation wird nicht mehr durch eine künstliche hierarchische Abgrenzung verhindert.

Es lässt sich schwer nachvollziehen, warum diese einfach herzustellende Unbefangenheit nicht in jedem Bereich unseres Alltags Einzug hält.

Alle positiven Erkenntnisse aus diesen Beobachtungen sollen uns aufzeigen, dass durch die ausschließliche Verwendung des »Du« eine gesellschaftliche Gleichwertigkeit hergestellt werden kann, die unter anderen Umständen nur schwer vollstellbar ist.

Ist man in den Bereichen, in denen ein »Sie« mit aller Macht aufrechterhalten wird, am Ende darauf bedacht, dass kein Zugehörigkeitsgefühl entsteht? Kaum vorstellbar, oder?

Meine Omma hat immer gesagt, dass ein »Sie« den respektlosen Umgang untereinander verhindert. Es wäre weitaus leichter, jemanden, über den man sich ärgert, mit »Du Arschloch!« zu beschimpfen als »Sie Arschloch!«. Zu jenem Zeitpunkt hatte meine Omma allerdings noch nichts von einem Herrn namens Joschka Fischer gehört. Mit seinem legendären Zwischenruf im Bundestag, »Mit Verlaub, Herr Präsident, Sie sind ein Arschloch!«, widerlegte er die These meiner Großmutter und folgte zudem noch dem Vorbild eines weiteren großen deutschen Rhetorikers: Götz von Berlichingen.

Das eindrucksvolle Statement von Herrn Fischer, der übrigens bis zu seiner Ernennung zum Minister »der Joschka« war, macht deutlich, dass der Respekt, den wir einer Person gegenüber empfinden, nicht von seiner Anrede abhängig ist. Im Zweifelsfall ist das Gegenteil wahrscheinlicher.

Durch eine diktierte Zurückhaltung schaffen wir erst die Grundlage für aufgestaute Emotionen.

Wenn wir in der Lage wären, unsere Diskussionen sprachlich unbefangener zu führen, könnten wir verbalen Entgleisungen schon in der Entstehungsphase den Nährboden nehmen. Bei allen notwendigen Veränderungen, die wir in dieser Zeit noch bewältigen müssen, wäre die Streichung einer Anrede, die mit dem geringsten Aufwand und der größtmöglichen Wirkung.

Unsere Sprache wäre zu guter Letzt für Menschen, die in unserem Land eine neue Heimat finden wollen, einfacher zu erlernen, und wir könnten ganzen Generationen von Heranwachsenden die unglücklichen Versuche ihrer Eltern, die korrekte Anwendung der nur schwer zu rechtfertigenden Standeszuweisung ersparen.

Wobei: Wollen wir wirklich darauf verzichten, jemandem dabei zuhören zu können, der seinem wissbegierigen Nachwuchs erklären muss, warum das weibliche Pedant zur Anrede »Herr« nicht »Herrin« ist?

Ohne gleich alles bisher Vertraute infrage stellen zu wollen, reicht es aus, nur eine Person davon zu überzeugen, dass die Anrede »Du« mehr Respekt ausdrücken kann als jede andere Form der oftmals unverdienten Autoritätszuordnung.

Wenn du in Zukunft einer Person erstmalig begegnest, die du unter bisherigen Voraussetzungen mit einem »Sie« ansprechen würdest, sprich sie doch einfach mal mit einem »Du« an, und warte ab, was passiert.

Lass dich nicht verunsichern, wenn dein von dir ausgewählter Proband anfänglich etwas zurückhaltend reagiert. Du wirst feststellen, umso überzeugter du deine Ansprache vertrittst, desto eher lässt er sich mitnehmen.

Bedenke immer, dass auch dein Ansprechpartner in den bisherigen Konventionen gefangen ist. Unbestritten kannst du auf Ablehnung stoßen. Dann entschuldige dich und biete die gewünschte Huldigungsform an. »Shit happens.«

Es nicht versucht zu haben, wäre weitaus frustrierender, als die wenigen Sekunden falscher Scham ertragen zu müssen. Und wie sagt der Volksmund immer: Neues Spiel, neues Glück!

Glück ist das Stichwort. Es ist auffällig, dass gerade die skandinavischen Länder, in denen das »Du« zur nationalen Identität gehört, die Zufriedenheitsstatistik, also die Hitliste der glücklichsten Bürger, in aller Regelmäßigkeit anführen.

Wenn das nicht am »Du« liegt, kann es nur »Köttbullar« sein. Es gibt also nichts zu verlieren, packen wir es an. Und was aus unserer Sprache wird, steht nicht in den Sternchen*, sondern wir haben es selbst in der Hand.

KAPITEL 15

JUAN ODER EINE ENTSCHEIDUNG FÜRS LEBEN

Wahrscheinlich wird es niemanden mehr überraschen, wenn ich behaupte, dass, um einem Hund die Möglichkeit zu schaffen, sich in unseren Alltag zu integrieren, kein Training des Hundes notwendig ist.

Vielmehr wird man sogar feststellen, dass gerade die dubiosen Formen der Einwirkung auf ein unschuldiges Lebewesen verantwortlich dafür sind, dass dieses sich bei jeder Gelegenheit der Kontrolle seines Unterdrückers entzieht.

Unabhängig unserer noblen Absicht: Bevormundung bleibt Bevormundung. Auch wenn man sich um 360 Grad dreht.

Selbstverständlich lehnen wir jede Kontrolle für uns selbst ab, aber die Vorstellung, dass andere Lebewesen vergleichbar empfinden, scheint uns geradezu schamlos. Um die immer wiederkehrende Frage zu beantworten, wie in einer Gemeinschaft Führung ohne Kontrolle funktionieren kann, sollten wir diese Frage immer zuerst an uns selbst richten.

Bereitschaft muss uns niemand beibringen. Letztlich geht es nur darum, ob wir uns in einem sozialen Konstrukt respektiert und angenommen fühlen.

Es liegt immer in der Kompetenz der Erfahrenen, unsere Motivation zu fördern und durch eigenes Vorbild der Gruppe Werte zu vermitteln. Es bedarf nur des Wissens über die eigenen Funktionen und den Willen, um sich in seinem Gegenüber wiederzuerkennen und die bisher offenbar verborgenen Zusammenhänge sichtbar zu machen.

Meine Omma hätte es wahrscheinlich einfacher formuliert: »Was du nicht willst, was man dir tut, das füg auch keinem anderen zu.«

Da fällt mir Juan ein. Er war ein stolzer spanischer Podenco, der wegen seines enormen »Jagdtriebes« – insbesondere Kaninchen hatten es ihm angetan – seine verzweifelte Begleiterin an den Rand des Nervenzusammenbruchs führte.

Unter Tränen schilderte sie den täglichen Spießrutenlauf, dem sie sich unterziehen musste, wenn Juan nur den Hauch einer Witterung eines Mümmelmanns in der Nase hatte. Wenn sich der Provokateur dann auch noch zeigte und sich hoppelnd in Bewegung setzte, gab es im wahrsten Sinne des Wortes kein Halten mehr. In aller Regelmäßigkeit befreite Juan sich aus den Fesseln seiner Bewacherin und verabschiedete sich mit lautem, irgendwie spanisch klingendem Jagdgeschrei für die nächsten Stunden.

Arriba, arriba andale! Er kam zwar früher oder meist später zu ihr zurück, aber in der Zwischenzeit starb Helene, so der Name seiner Aufpasserin, tausende Tode.

So war es nicht von Anfang an, erzählte sie. Während eines Urlaubs in Spanien sind sie sich das erste Mal begegnet. Als Helene durch die Gassen eines kleinen Ortes schlenderte, hatte sie plötzlich das Gefühl, dass sie beobachtet würde. Sie schaute sich um, sah aber niemanden. Doch sie suchte nicht auf der richtigen Höhe. Erst beim dritten Umdrehen sah sie Juan. Er suchte Augenkontakt.

In dem Moment, in dem sich ihre Blicke trafen, war alles, was folgte, nicht mehr aufzuhalten. Juan hatte sich entschieden. Nach all den Jahren, in denen er einsam durch die Straßen zog, war es an der Zeit, heimisch zu werden.

In Helene sah er, was er so lange vermisst hatte. Er folgte ihr auf Schritt und Tritt. Sie mochte Hunde, aber sie war noch nicht für eine solche Beziehung bereit und versuchte Juan deshalb abzuschütteln. Doch je so mehr sie sich bemühte, desto dichter schloss er auf. Wer die beiden beobachtete, hätte geschworen, dass sie zusammengehörten.

Nach einer Stunde vergeblicher Anstrengung waren beide erschöpft. Helene setzte sich an den Tisch eines Straßencafés, und Juan legte sich ihr zu Füssen. Der Kellner des Cafés brachte Juan, bevor er Helenes Bestellung aufnahm, einen Napf mit Wasser. Juan bedankte sich höflich mit Schwanzwedeln. Helene wies darauf hin, dass es nicht ihr Hund sei. Der Kellner glaubte ihr kein Wort. In der Hoffnung auf ein großzügiges Trinkgeld lobte er unentwegt die offensichtlich gute Erziehung ihres Begleiters. In dem Glauben, dass ihr tierischer Stalker sein Interesse verlieren würde, versuchte sie, ihren Aufenthalt möglichst in die Länge zu ziehen.

Juan ruhte sich aus. Das effiziente Haushalten mit den vorhandenen Ressourcen ist eine große Stärke des Podencos.

Nach dem vierten Cortado versuchte sie, sich unauffällig davonzuschleichen. Allerdings hatte Juan vorsorglich seine Pfote auf ihre Schuhe gelegt. Schon bei der ersten kleinen Bewegung öffnete er ein Auge, um sich ihrer Anwesenheit zu versichern. Sie sah keine Möglichkeit, unbemerkt davonzukommen. Fortan schlenderten sie beide durch die Gassen.

Helene zerbrach sich den Kopf, wie sie Juan überzeugen könnte, sich eine geeignetere Begleitung zu suchen. Von weitem beobachtete sie eine Traube von Menschen. Ein Wochenmarkt. Das schien die Lösung zu sein. In der Menschenmenge würde er sie verlieren und sich, so hoffte sie, neu orientieren. Die Befürchtung, sie verlieren zu können, teilte Juan.

Aber an Neuorientierung war kein Gedanke. Hatte er sie doch gerade erst gefunden. Für ihn schien es ausgeschlossen, sie noch einmal gehen zu lassen.

Instinktiv suchte er eine Position an ihrer Seite, die jeder Hundehalter als das perfekte »Bei Fuß« bezeichnen würde. Etwas, von dem viele Freunde des Gehorsams träumen, aber woran sie oft gnadenlos gescheitert sind. »Linke Seite, Kopf auf Kniehöhe und das Ohr deckungsgleich mit Hosennaht!« Was wie ein militärisches Kommando klingt, war für Juan die zwangsläufige und einzig logische Position, die es ihm ermöglichte, trotz des dichten Gedränges seine Auserkorene im Auge zu behalten.

Dass niemand in der Lage war, sich zwischen sie beide zu schieben und sie zu trennen, interpretierte er als Zeichen ihrer Zusammengehörigkeit. Müde von den vielen Wendemanövern und den Tempowechseln, die sie vergeblich nutzte, um sich aus dem Staub zu machen, trat sie den Heimweg zu ihrem Ferienhaus an.

Juan wich ihr nicht von der Seite. Dort angekommen schloss sie die Eingangstür der kleinen Finca auf und huschte schnell ins Innere, um die Tür zu schließen, damit Juan ihr nicht folgen konnte. Die Nacht brach herein. In der festen Überzeugung, dass sich Juan ebenfalls auf den Heimweg gemacht hatte, resümierte sie den ereignisreichen Tag und schlief ein.

Am nächsten Morgen war Juan immer noch da. Er hatte die Nacht auf der Terrasse verbracht. Was ihm nichts ausmachte, war er doch gewöhnt, im Freien zu schlafen.

Wie später Nachbarn berichteten, bewegte er sich, die Tür fest im Blick, keinen Zentimeter von der Stelle. Selbst wenn Katzen, andere Hunde und sogar Kaninchen das Grundstück der Finca überquerten, verließ er niemals seinen Platz.

Drei Tage wiederholte sich der Ablauf. Über den Tag folgte Juan Helene, und die Nacht verbrachte er auf ihrer Terrasse. Dann konnte sie seiner Beharrlichkeit nicht mehr widerstehen und bat ihn rein. Das war's. Juan hatte Helene überzeugt, dass sie zusammengehörten. Ab jetzt setzte sie alle Hebel in Bewegung, damit Juan sie mit nach Deutschland begleiten konnte. Das war mehr als aufwendig, hat aber letztlich geklappt. Und so lebten sie glücklich bis ans Ende ihrer Tage.

Das ist Quatsch. Denn wenn wir uns an den Anfang der Geschichte erinnern, entwickelte sich ihr Zusammenleben alles andere als märchenhaft.

Was war passiert? Wieder im deutschen Alltag angekommen, ließ sie sich von Freunden überzeugen, mit Juan auf jeden Fall eine Hundeschule aufzusuchen. Man versicherte ihr glaubwürdig, dass Podencos unberechenbare Jäger seien, die nur durch intensive Kontrolle von ihrem blutigen Handwerk abzuhalten seien.

Wer solche Freunde hat, braucht keine Feinde mehr. In dem Moment, als Helene mir davon erzählte, wurde ihr das erste Mal bewusst, dass Juans Ausbrüche zeitgleich mit dem Start des Hundetrainings begonnen hatten und mit jeder Steigerung der Kontrollmaßnahmen immer impulsiver wurden.

Auf einmal machte seine bis zu diesem Zeitpunkt unerklärbare Wandlung für sie Sinn. Sie erinnerte sich an ihr Kennenlernen und erkannte, dass seine Fluchten nur das Produkt ihrer »Begrenzungen« waren. Sie stellte umgehend alle Kontrollmaßnahmen ein und bemühte sich, wieder die Person zu sein, die Juan einst in ihr gesehen hatte.

Übrigens: Tatsächlich verbrachte Juan sein früheres Leben ungewollt auf Spaniens Straßen. Aufgrund seiner jagdlichen Untauglichkeit wurde er von seinem gewissenlosen Züchter ausgesetzt und sich selbst überlassen. Gerade für seine pazifistische Gesinnung gegenüber seinen Mitlebewesen, insbesondere Kaninchen, bezahlte er einen hohen Preis: den Verlust seiner Familie. Er hatte sich schon aufgegeben, als er eines Tages Helene traf.

KAPITEL 16

IT SMELLS LIKE TEAM SPIRIT

Auch wenn es zunächst widersprüchlich klingen mag, die ideale Voraussetzung für das perfekte Team besteht in der Unabhängigkeit jeder beteiligten Persönlichkeit. Doch diese Vorstellung treibt den meisten Führungsverantwortlichen Schweißperlen auf die Stirn.

Zu groß ist die Angst vor dem Verlust der eigenen Kontrolle. Denn nach wie vor wird Kontrolle mit Macht verwechselt.

Aber es ist eindeutig das Gegenteil der Fall. Deshalb ist der Wunsch, die alte Gängelung nicht aufzugeben, nicht mehr zeitgemäß, sondern stellt nur die Unsicherheit vor dem unaufhaltsamen Wandel dar. Das ist nachvollziehbar und menschlich, aber nicht zukunftsorientiert.

Es braucht zuerst die Bereitschaft, über diese Unsicherheiten zu reden, um sie mithilfe der bewussten Analyse auf ihre Legitimität zu überprüfen.

Die Aufgabe besteht darin, die Emotion, die stellvertretend für alles Unterbewusste steht, durch Reflexion sichtbar zu machen, um sie im Bedarfsfall upzudaten.

Genau diese Fähigkeit, unterbewusste Prozesse zu beeinflussen, ist die besondere Stärke des menschlichen Säugetieres. Vorausgesetzt, es weiß davon.

Aber genau da liegt sprichwörtlich der Hund begraben. Häufig sind diese Stärken in der eigenen Wahrnehmung als Schwächen verortet. Vor allem, wenn alle Betroffenen nicht miteinander reden. Und wie wir bereits wissen, richtet sich alles, was wir verschweigen wollen, immer gegen uns.

Dahinter steckt die Scham, in den Augen der anderen schwach zu erscheinen, die uns zurückhält, uns vor unserem humanen Umfeld zu offenbaren.

So verhindert der Gedanke, dass das Zeigen echter Emotion eine Schwäche sei, die Bildung echter Beziehungen.

Conclusio: Das ehrliche Ausleben des eigenen Empfindens sollte in Zukunft unsere vorrangigste Aufgabe sein. Nur wenn wir unseren Mitstreitern ermöglichen, unsere wahren Gefühle zu erkennen, ist es ihnen möglich, sich angemessen auf uns einzustellen. Wie soll jemand unsere einzigartige Persönlichkeit erkennen, wenn wir sie ihm oder ihr nicht zeigen?

Auch die Gefahr, sich zu blamieren, bleibt gering, denn im Gegensatz zu unserer irrtümlichen Annahme werden emotionale Menschen nicht verspottet, sondern heimlich bewundert.

In einer Welt, in der alles nach Individualität schreit und sich parallel dazu immer mehr uniformiert, ist Authentizität unser wertvollstes Alleinstellungsmerkmal.

Wir sollten aufhören, falschen Vorbildern nachzueifern, und beginnen, selbst eines zu werden. Der Grundstein ist gelegt, wenn wir unsere Emotionen als gerechtfertigt anerkennen.

Es darf keine Rolle spielen, ob sie von anderen geteilt werden. Wer in dieser Befreiung vom bisherigen Schamdiktat die Wiederholung von Sodom und Gomorra voraussieht, wird am Ende enttäuscht sein.

Denn gerade der Umstand, dass wir uns erlauben, echt zu sein, verhindert ungewollte Gefühlsausbrüche.

Nur derjenige, der sich permanent selbst begrenzt, läuft Gefahr, dass ihn die eigene versteckte Empfindung auffrisst. Somit scheint die Unabhängigkeit der eigenen Person alternativlos zu sein. Aber keine Angst, die Unabhängigkeit ist nicht gleichbedeutend mit Anarchie.

Unabhängige Persönlichkeiten sehen sich als festen Bestandteil der Gemeinschaft, haben jedoch gelernt, sich selbst zu vertrauen und ihre Werte zu vertreten, ohne abhängig von der Zustimmung des äußeren Umfeldes zu sein.

Das neue Wissen über die eigenen Funktionen bildet die Basis einer lange verhinderten Selbstidentifikation. Allein der Umstand, dass wir unser Gegenüber nicht mehr durch Bevormundung manipulieren müssen, um uns in unserem eigenen Zweifel zu beruhigen, ist für jede Gruppe ein Befreiungsschlag und eröffnet die Chance für Partnerschaften auf Augenhöhe.

Damit wäre auch der Blick auf die Bedürfnisgleichheit aller Lebewesen nicht mehr durch die ausschließlich dem Selbstschutz dienende Selbsterhöhung versperrt.

Denn der Unabhängige hat es nicht nötig, jemanden herabzustufen oder gering zu schätzen, da er seine Position in einem Verband nicht von der Position anderer abhängig macht. Das

Großartige ist, dass alles, was wir benötigen, um die eigene Unabhängigkeit zu verwirklichen, bereits in uns angelegt ist.

Unsere Intuition nimmt dabei eine Schlüsselrolle ein. Aufgrund kryptischer Benennungen, wie zum Beispiel »das Bauchgefühl«, wurde sie lange Zeit fälschlicherweise wie ein »Nice to have« behandelt, obwohl sie die Grundlage unseres Überlebens sichert.

Wahrscheinlich ist es aber unser Misstrauen gegenüber einem Phänomen, das, um eine Entscheidung zu treffen, nicht analysiert, ausschlaggebend für unsere oft fast schon sträfliche Vernachlässigung der Intuition. In einer Zeit wissenschaftlicher Erklärfülle scheint kein Platz für so etwas wie ein »Ich habe da so ein Gefühl« zu bestehen.

Und wieder drängt sich der Gedanke auf, dass wir fast schon eine panische Angst haben, unseren Empfindungen zu vertrauen.

Der Mensch wurde allem Anschein nach über Generationen gedrillt, seine eigenen Gefühle mit dem Verlust von Kontrolle gleichzusetzen.

Ohne die Romantik zerstören zu wollen, könnte man auch Gefühle als Nebenprodukt unterbewusster Festlegungen erkennen.

Wenn aus den bekannten Sicherheitsbedürfnissen der Säugetiere sich deren Organismus bei bereits erfolgreichen Entscheidungen für die Streichung der Analyse entschließt, ist somit zukünftiges Handeln nicht mehr rational zu nennen und kann ab diesem Zeitpunkt nur noch als Emotion beschrieben werden. Intuition ist keine diffuse oder irrationale Sentimentalität, sondern ein Indiz für eine evolutionäre Erfolgsgeschichte. Sicherheit durch Anpassung.

Nicht ohne Grund bezeichnen wir Menschen, die intuitiv handeln, häufig als charismatisch oder einfach cool.

Es ist die Ausstrahlung dieser Sicherheit, die sie automatisch in das Zentrum unserer Betrachtung rückt.

Wir alle suchen nach jemanden, der nicht zweifelt. Jeder von uns besitzt diese Fähigkeit, wir müssen uns nur erlauben, sie einzusetzen.

Empfehlung: Fang im Alltag an, darauf zu achten, wie bei anfallenden Entscheidungen deine Intuition dir ein Angebot unterbreitet und lächle, wenn du bemerkst, wie die so lange trainierte Ratio versucht, sich in den Vordergrund zu drängen. Auch wenn es zu Beginn einige Überwindung kostet, lerne, deinem unterbewussten Empfinden zu folgen.

Schritt für Schritt kannst du spüren, wie durch die wiederholte Verwendung dieses wunderbaren Instrumentes die eigene Sicherheit unaufhaltsam wächst. Ohne dass jemand deine Wandlung mit Worten beschreiben könnte, wirst du für deine Gemeinschaft mehr und mehr zu einer Person, an der man sich orientiert.

Diese neu gewonnene Souveränität macht es möglich, die Bevormundung unseres Umfeldes aufzugeben und uns selbst mit all unseren liebenswürdigen Macken zu feiern. Damit können wir endlich das oberste Gebot für ein funktionierendes Team erfüllen:

Versuche niemals, dein Gegenüber zu verändern! Stehe zu deinen Macken!

KAPITEL 17

INTERVIEW MIT EINER EINTAGSFLIEGE

Eine Sensation! Das erste Mal seit Beginn der Menschheit ist es gelungen, eine Eintagsfliege für ein Interview zu gewinnen. Alle bisherigen Versuche scheiterten, angeblich aus Zeitmangel.

Das zentrale Thema des Gesprächs: »Das Geheimnis des Glücklichseins«.

Wissenschaftlern war in langen Versuchsreihen aufgefallen, dass Eintagsfliegen selten unter Selbstzweifeln litten. Dem Mysterium von immerwährender Zufriedenheit wollte man jetzt unbedingt auf die Spur kommen, um mögliche Rückschlüsse eventuell auf den Menschen zu übertragen.

Um eine entspannte Gesprächsatmosphäre zu schaffen, fragte der Interviewer seinen Gast zunächst nach seinem Getränkewunsch. Man war auf alles eingerichtet, von stillem Wasser bis zur Zuckerlösung. Der Wunsch nach einer Piña Colada war indes überraschend. Peinliche Stille.

Jedem Anwesenden wurde sekundenschnell klar, wie wenig man über sein Gegenüber eigentlich wusste.

Die Erkenntnisse über Eintagsfliegen waren bisher rein hypothetischer Natur oder wurden unter Laborbedingungen mit einem sehr einseitigen Vorfilter erfasst, den man nur bestätigen wollte: das Interesse einer überlegenen Spezies gegenüber einer minderbemittelten Art.

Von all diesen menschlichen Vorbehalten wusste die Fliege nichts. Die reine Neugierde und das Interesse einer weiterentwickelten Spezies an einer minderbemittelten Art waren die Gründe ihres Kommens. Man lernt nie aus.

Unter Eintagsfliegen ist die Bereitschaft zum lebenslangen Lernen nicht nur eine Floskel, sondern eine tief verankerte Grundhaltung.

Aber was soll's! Nobody is perfect, oder? Man einigte sich jedenfalls sofort auf das »Du«, zumal Eintagsfliegen keine Hierarchie kennen. Sie konnte sich bei dieser Spezies über Jahrmillionen nicht etablieren, da deren wichtigste Voraussetzung, die Angst vor der Zukunft, bei ihnen nicht wirksam war.

Der Moderator formulierte seine erste Frage: »Könnte die Zufriedenheit der Eintagsfliege durch das Fehlen von Zukunftssorgen begünstigt sein?«

Anstatt eine Antwort zu geben, stellte die Eintagsfliege eine Gegenfrage: »Was ist eine Eintagsfliege?« Vollkommen überrascht erklärte der Interviewer dem Insekt, dass es sich bei der Bezeichnung um eine von Menschen gewählte Namensgebung für seine biologische Herkunft handelte. Dann fragte er, wie sich die Fliege selbst nennen würde.

»Edgar, Krone der Schöpfung!« lautete die selbstbewusste Antwort. Damit hatte niemand gerechnet.

Plötzlich nahm das Gespräch eine Wendung. Der Moderator war sichtlich um Aufklärung bemüht und wollte Edgar ausführlich erläutern, warum der Titel »Krone der Schöpfung« bereits vom Menschen beansprucht wurde. Edgar runzelte skeptisch die Stirn. Alle hilflos wirkenden Rechtfertigungsversuche schienen ihm fadenscheinig. Das Wenige, was er über Menschen wusste, ließ ihn an deren Selbstwahrnehmung zweifeln.

Aber die Eintagsfliege war in der Natur für ihre Toleranz bekannt. Sie blieb höflich und wollte nicht einfach urteilen, ohne nicht vorher alle Argumente gehört zu haben.

Geduldig ließ Edgar sich von den Anwesenden der verwirrten Art deren »Vorzüge« schildern, konnte aber keinen vernünftigen Hinweis finden, der den Anspruch auf seinen Titel rechtfertigen würde. Am meisten irritierte Edgar die Behauptung, der Mensch sei in der Lage, Symphonien zu komponieren oder Motoren zu bauen, jedoch verfügte auf Nachfrage keine der anwesenden Personen über diese Fähigkeiten.

Edgar nahm einen großen Schluck von seiner mittlerweile dritten Piña Colada. Mit steigendem Promillepegel entwickelte er immer mehr Freude, dabei zuzuschauen, wie sich die »Krone der Schöpfung« um Kopf und Kragen redete.

Es blieb ihm auch nicht verborgen, dass mit dem Schwinden der vermeintlichen Krönungsbeweise die Atmosphäre im Aufnahmestudio immer frostiger wurde. Die anwesenden Menschen rotteten sich zusammen und tuschelten. Kurzfristig fürchtete Edgar sogar um sein Leben. Dann trat einer aus ihrer Mitte und holte, sich seines Sieges bewusst, zum finalen Totschlagargument aus.

Die folgende Aussage zog Edgar alle sechs Schuhe aus. Behauptete der Mensch tatsächlich, eine viel größere Lebenserwartung zu haben. Genauer gesagt, eine circa 29 200-fache!

Das war der Zeitpunkt, an dem sich Edgar endgültig die Frage stellte, wer hier eigentlich betrunken war. Ohne sich auf ein unnötiges Wortgefecht einzulassen, tat er beeindruckt, um sich im gleichen Atemzug nach der Anzahl des Nachwuchses zu erkundigen. Schweigen.

Edgar kam in Fahrt: »Bei einer einzigen Paarung einer Eintagsfliege werden bis zu 9000 Eier befruchtet.« Er lächelte süffisant, als die Menschen von durchschnittlich eineinhalb Nachkommen über ihre gesamte Lebensspanne berichteten. Auch wenn Edgar sich unter normalen Umständen eher als zurückhaltend beschreiben würde, konnte er der Gunst des Augenblickes nicht widerstehen und fügte hinzu, dass die Begattung der Ephemeroptera* kurz nach dem morgendlichen Erwachen während eines wilden Fluges stattfindet.

* Von Edgar bewusst eingesetztes Angeberwissen.

Leidenschaft pur. Genüsslich registrierte er den Neid in den Augen seiner Titelkonkurrenten. Schachmatt. Eine Erinnerung für die Ewigkeit.

Hatte er nicht gerade eine Art kennengelernt, die sich »Krone der Schöpfung« nannte, obwohl sie nicht einmal den Schlüssel zum Glücklichsein kannte und sich so viele Gedanken um die Zukunft machte, dass sie nicht bemerkte, wie ihr die Gegenwart durch die Finger rann?

Edgar dachte kurz darüber nach, was er, wenn es so etwas wirklich gäbe, mit einer 29 200-fachen Lebenszeit anfangen würde. Doch es fiel ihm nichts ein, was er versäumt oder anders gemacht hätte. Zutiefst verunsichert und voller Selbstzweifel fragte der Moderator schließlich vorsichtig, welchen Eindruck die Eintagsfliege vom Menschen hatte und ob sie überhaupt noch bereit wäre, das Geheimnis ihrer Zufriedenheit zu verraten.

Mit dem in seiner DNA verwurzelten Glauben an die Gleichwertigkeit eines jeden Individuums, unabhängig von dessen Intelligenz und Fähigkeiten, ging Edgar in sich und antwortete ohne Überheblichkeit:

»Lebe jeden Tag so, als wäre es dein einziger! Und wegen der Sache mit dem Eindruck, darüber muss ich eine Nacht schlafen.«

Was das Ganze mit dem Hund zu tun hat? Keine Ahnung!

KAPITEL 18

NOBODY IS PERFECT!

Aus irgendeinem Grund hört sich das wie eine Entschuldigung an. Die Frage ist nur, wofür? Die beliebte Floskel findet dann ihren Einsatz, wenn man vermeintlich etwas falsch gemacht hat. Damit erlangt sie den gleichen Stellenwert wie ein ähnlicher verbaler Beschwichtigungsversuch: Irren ist menschlich!

Es scheint offenbar äußerst widersprüchlich zu sein, den Menschen permanent zur Perfektion anzutreiben, um ihm im gleichen Atemzug sein vorhersehbares Scheitern als zwangsläufigen Mangel seiner nicht perfekten Art zu attestieren.

Aber vielleicht ist es gar nicht der Mensch, der den Anspruch nicht erfüllen kann, sondern der Anspruch selbst ist unmenschlich.

Kürzlich las ich einen Text über skandinavische Lebensphilosophie, die der Verfasser mit dem eindrucksvollen Satz gekrönt hat: »Es muss nicht perfekt sein, es muss funktionieren!«

Ich muss gestehen, dass mich diese Devise lange nicht mehr losgelassen hat.

Ohne es beeinflussen zu können, drängte sich mir vor meinem geistigen Auge das Bild eines alten Volvos 240 auf, der nur noch mithilfe von Panzerklebeband am Leben, besser gesagt fahrtauglich, gehalten wurde. »Er muss nicht perfekt sein, sondern irgendwie fahren.«

Als bekennender Fan skandinavischen Designs löste der Satz in mir eine spontane kognitive Dissonanz aus … das ist so etwas wie »Spunk« für Erwachsene.

Wie kann ein Volk trotz einer solchen Grundhaltung gleichzeitig ein absolutes Gespür für nahezu formvollendetes Objektdesign haben? Oder ist der Konflikt, der durch diesen vermeintlichen Widerspruch ausgelöst wird, bereits der Schlüssel zu seiner Lösung?

Vielleicht muss die Antwort auf die Frage nach der Grundhaltung nicht »Trotz«, sondern »Weil« lauten. Weil man sich nicht zur Perfektion zwingt, eröffnet man den Raum für mehr Kreativität.

Der Gedanke der Perfektion impliziert das Streben nach Vollkommenheit. Diese ist allerdings nur eine Illusion, die vom Menschen geschaffen wurde, um die Unendlichkeit zu begreifen.

Die Existenz von Vollkommenheit wäre gleichzusetzen mit dem Ende der Evolution. Nur durch die Fähigkeit, sich dem ständigen Wandel anzupassen, ist unser Überleben überhaupt möglich. Ein Abschluss unserer Entwicklung wäre damit auch unser Ende. Wer will das schon!

Dass wir Menschen, um das Gefühl der Sicherheit zu erlangen, gerne versuchen, Dinge zu kategorisieren und zu formatieren, ist nicht nur nachvollziehbar, sondern auch notwendig. Nur sind wir mit dem Wunsch nach Perfektion ein wenig über das Ziel hinausgeschossen und haben das Natürliche aus den Augen verloren.

Das sogenannte abschlussorientierte Lernen, das wir zur Grundlage aller unserer Betrachtungen gemacht haben, ist im höchsten Maße bedenklich, da wir uns selbst in den Zustand permanenter Unzufriedenheit verdammen.

Jeder von uns kennt das Gefühl der großen Leere, wenn man ein lang angestrebtes Ziel erreicht hat. Nach nur einem kurzen Moment der Zufriedenheit beginnen wir damit, nach neuen Herausforderungen zu streben. Wir sind mit dem Erreichten noch nicht glücklich. Es ist nicht vollkommen. Da geht noch was!

Ohne es zu bemerken, bewegen wir uns in einem unaufhaltsamen Kreislauf, der nur durch das eigene Ableben abgeschlossen werden kann.

Klingt jetzt nicht besonders erstrebenswert. Bedauerlicherweise vergessen wir bei unserer Zielstrebigkeit, dass es auch ein Leben zwischen den Abschlüssen gibt. Durch die langen Jahre der Verwendung ist uns das abschluss- beziehungsweise zielorientierte Lernen so vertraut geworden, dass wir es trotz eines wiederkehrenden unguten Gefühls noch immer für alternativlos halten.

Wir beklagen zwar die Symptome, wagen aber nicht, die Ursache vom Sockel zu stoßen.

Gerade im Umgang mit anderen Lebewesen wird deutlich, dass genau dieses Denkschema eine der Hauptursachen aller uns bekannten Bevormundungsformen in sich birgt. Auch wenn es uns trotz innerer Widerstände gelingt, uns selbst mit diesem Schema zu geißeln, wird spätestens bei dem Versuch, dieses Vorhaben auf Mitglieder unserer Gemeinschaft zu übertragen, sichtbar, wie schädlich diese Form der Zielorientierung in Wirklichkeit ist.

Versuchen wir jemandem ein Ziel aufzudrängen, aktivieren wir sofort dessen Abwehrhaltung.

Wir wären gut beraten, wenn wir seine Reaktion zum Anlass nehmen würden, auch auf uns bezogen dieses Vorgehen noch einmal zu überprüfen. Denn sein Widerstand ist deckungsgleich mit unserem bereits zuvor erwähnten unguten Gefühl.

Natürliches Lernen ist nicht linear. Es ist niemals auf einen Abschluss ausgerichtet. Es findet einfach statt.

Wir lernen unser gesamtes Leben lang, insofern wir bereit sind, es zu zulassen. Im Gegensatz zum Perfektionismus erlaubt uns das natürliche Lernen, nicht nur Fehler zu machen, sondern sieht diese sogar als notwendige Voraussetzung für persönliche Weiterentwicklung.

Aus dieser Perspektive macht das von meiner Omma häufig verwendete Zitat: »Aus Fehlern wird man klug« auf einmal mächtig Sinn. Gleichzeitig kommen wir nicht darum herum, die Frage zu stellen, ob jemand, der sich dem Perfektionismus verschrieben hat, dumm bleiben möchte oder gar den Fortschritt verhindern will.

Aber eins ist klar: Ab heute werde ich die Aussage »Nobody is perfect« nicht mehr wie eine pauschale Entschuldigung für unsere Mangelhaftigkeit verstehen, sondern erkenne in ihr die Beschreibung eines aufgeschlossenen und lebenslang wissbegierigen Lebewesens.

Oder in den Worten meiner Großmutter:
»Man lernt nie aus!«

EPILOG

DIE QUELLE DER WEISHEIT (QUELLENVERZEICHNIS)

Als Kind glaubte ich fest daran, dass meine Omma – das ist kein Schreibfehler, sondern ein versteckter Hinweis auf meine regionale Herkunft – die Urheberin aller von mir verwendeten Zitate war. Zu meinem Erstaunen musste ich später sogar feststellen, dass einige dieser so modern klingenden Weisheiten biblischen Ursprungs sind. Das schloss meine Großmutter als Autorin aus. Dennoch verloren sie für mich nicht an Aussagekraft.

Bedenkt man das Alter vieler Zitate, ist es umso überraschender, wie sehr sie auf aktuelle Fragen Antworten bieten können. Auch wenn jede Generation für sich überzeugt ist, alle Probleme dieser Welt erstmalig erkannt zu haben, und glaubt, die Last der Lösung allein tragen zu müssen, weisen die allzeit populären Sprichworte auf etwas anderes hin.

Es entsteht nämlich der Eindruck, dass alle Fragen, die uns quälen, schon lange beantwortet wurden und diese Antworten aus irgendeinem ominösen Grund wieder in Vergessenheit geraten sind. Vielleicht müssen wir ähnlich wie in dem Filmklassiker »Und täglich grüßt das Murmeltier« immer wieder von vorne anfangen, um mit jeder Wiederholung einen Schritt näher an die Lösung des ewigen Rätsels nach dem »Sinn des Lebens« zu gelangen. Man weiß es nicht.

Manchmal habe ich den Eindruck, man kann sich das Definieren komplexer und vermeintlich neuer Erkenntnisse ersparen, denn es wird ein Sprichwort geben, das mit nur einem Satz schnörkellos die Essenz bereithält. Ich stelle mir ein dickes, in Leder gebundenes Buch vor, in dem alle jemals geschriebenen Zitate gesammelt wurden und nachgeschlagen werden können, wenn es gilt, die großen Fragen unserer Zeit zu beantworten.

Mir ist klar, dass ein solches Schriftwerk ein bisschen Dumbledore Style wäre, aber auch viel cooler als Wikipedia. Nicht alles, was nicht mehr zeitgemäß erscheint, muss schlecht sein. Das Wichtigste, was mir meine Großmutter mitgegeben hat, waren nicht ihre gesammelten Weisheiten, sondern die Art und Weise, wie sie ihre Werte vertrat. Unaufdringlich, aber auch unbeirrbar lebte sie mir ohne jegliche Wirkungsabsicht vor, was mich bis zum heutigen Tage prägt.

Ich muss längst schmunzeln, wenn jemand glaubt, dass hierarchiefreie Erziehungsstrukturen moderne Errungenschaften seien, und stelle mir vor, was meine Omma dazu sagen würde. Aber vielleicht muss man die empfundene Gleichwertigkeit eines Lebewesens gar nicht in Worten beschreiben können, sondern einfach nur erleben. Aber eins ist sicher: Bei mir hat es auf jeden Fall etwas bewirkt. Zu guter Letzt war es eines ihrer Zitate, das mein Leben in eine vorbestimmte Richtung gelenkt hat:

»Der Hund ist auch nur ein Mensch!«

ÜBER DEN AUTOR

© Julia Delbos, Schweiz

Ulv Philipper ist spezialisiert auf die Analyse und Entwicklung von Beziehungen innerhalb sozialer Gemeinschaften. Er ist Gründer von Wolflogik Coaching, einem innovativen und absolut logischen Weg, Konflikte zwischen sozialen Lebewesen im Privaten genauso wie im Berufsleben aufzudecken und aufzulösen. Die spannenden Analogien zwischen Mensch und Hund eröffnen dabei eine neutrale Ebene, von der aus man die Probleme betrachten kann, ohne selbst im Fokus der Auseinandersetzung stehen zu müssen. Ulv Philipper lebt im westfälischen Lippetal und coacht in privaten wie beruflichen Kontexten im deutschen und europäischen Raum. Mit *Dog Management* hat er bereits einen Bestseller vorgelegt.

Klimaneutral
Druckprodukt
ClimatePartner.com/11244-2302-1006

Zum Ausgleich für die entstandene CO_2-Emission bei der Produktion dieses Buches, unterstützen wir die landesweite Bereitstellung von energieeffizienten Biomassekochöfen in Uganda. Die verbesserten Kochöfen verbrauchen erheblich weniger Brennmaterial und verringern so die Luftverschmutzung und die Umweltzerstörung, während gleichzeitig Treibhausgasemissionen eingespart werden.

Bibliografische Information der Deutschen Nationalbibliothek
Die Deutsche Nationalbibliothek verzeichnet diese Publikation in der Deutschen Nationalbibliografie; detaillierte bibliografische Daten sind im Internet über http://dnb.de abrufbar.

Cover- und Autorenfoto von Julia Delbos
Druck und Bindung: Steinmeier GmbH & Co. KG, Deiningen
Printed in Germany

ISBN 978-3-86774-735-6

Besuchen Sie uns im Internet: www.murmann-publishers.de
Ihre Meinung zu diesem Buch interessiert uns!
Zuschriften bitte an info@murmann-publishers.de
Den Newsletter des Murmann Verlages können Sie anfordern unter
newsletter@murmann-publishers.de